Mathematische Optimierung und Wirtschaftsmathematik | Mathematical Optimization and Economathematics

Reihe herausgegeben von
R. Werner, Augsburg, Deutschland
T. Harks, Augsburg, Deutschland
V. Shikhman, Chemnitz, Deutschland

In der Reihe werden Arbeiten zu aktuellen Themen der mathematischen Optimierung und der Wirtschaftsmathematik publiziert. Hierbei werden sowohl Themen aus Grundlagen, Theorie und Anwendung der Wirtschafts-, Finanz- und Versicherungsmathematik als auch der Optimierung und des Operations Research behandelt. Die Publikationen sollen insbesondere neue Impulse für weitergehende Forschungsfragen liefern, oder auch zu offenen Problemstellungen aus der Anwendung Lösungsansätze anbieten. Die Reihe leistet damit einen Beitrag der Bündelung der Forschung der Optimierung und der Wirtschaftsmathematik und der sich ergebenden Perspektiven.

Weitere Bände in der Reihe http://www.springer.com/series/15822

Jan Natolski

Replizierende Portfolios in der Lebensversicherung

Mathematische Fundierung und Analyse

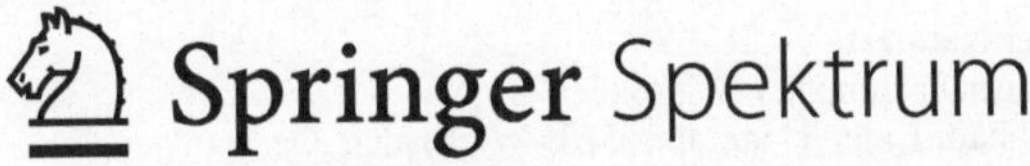

Jan Natolski
Augsburg, Deutschland

Zugl.: Dissertation, Universität Augsburg, 2017

Erstgutachter: Prof. Dr. Ralf Werner
Zweitgutachter: Prof. Ralf Korn
Drittgutachter: Prof. Dr. Gernot Müller
Tag der mündlichen Prüfung: 23.05.2017

Mathematische Optimierung und Wirtschaftsmathematik | Mathematical Optimization and Economathematics
ISBN 978-3-658-20375-7   ISBN 978-3-658-20376-4   (eBook)
https://doi.org/10.1007/978-3-658-20376-4

Die Deutsche Nationalbibliothek verzeichnet diese Publikation in der Deutschen National-bibliografie; detaillierte bibliografische Daten sind im Internet über http://dnb.d-nb.de abrufbar.

Springer Spektrum
© Springer Fachmedien Wiesbaden GmbH 2018

Gedruckt auf säurefreiem und chlorfrei gebleichtem Papier

Springer Spektrum ist Teil von Springer Nature
Die eingetragene Gesellschaft ist Springer Fachmedien Wiesbaden GmbH
Die Anschrift der Gesellschaft ist: Abraham-Lincoln-Str. 46, 65189 Wiesbaden, Germany

Danksagung

An dieser Stelle möchte ich einigen Personen meinen herzlichen Dank aussprechen, die mir im Laufe meiner Promotion eine unersetzliche Hilfe waren. Ohne sie wäre diese Dissertation so nicht entstanden.

Der größte Dank gilt meinem Doktorvater Professor Dr. Ralf Werner. Seine Ideen haben mich stets inspiriert und die fachlichen Diskussionen entscheidend vorangebracht. Auch persönlich kann ich mir keinen besseren Doktorvater vorstellen!

Desweiteren bedanke ich mich beim ehemaligen CRO der Allianz Deutschland, Pierre Joos. Seine Kenntnisse waren unentbehrlich für ein klares Verständnis der Problematik aus praktischer Perspektive.

Auch meinen Bürokollegen Andreas, Nazli und Jonas, sowie den Kollegen Fabian, Catinca, Alexander, Michael und Patrick gebührt ein lautes Dankeschön! Die Unterhaltungen im Büro, beim Mittagessen oder beim Kaffee haben für ausgesprochen gute Laune gesorgt und meinem wissenschaftlichen Schaffen neue Energie verliehen.

Mein herzlichster Dank geht an meine Eltern, Iwona und Krzysztof. Ihre Unterstützung während meines gesamten Lebens hat mich mit dem Mut, dem Wissen und der Persönlichkeit ausgestattet, die nötig war um diese Doktorarbeit zu verfassen.

Jan Natolski

Inhaltsverzeichnis

1 Einleitung

Aufgabe jeder Versicherung ist es ausreichende Rückstellungen zu bilden um allen Versicherungsansprüchen in der Zukunft nachkommen zu können. Dazu werden stochastische Modelle für Schadensfälle herangezogen, auf deren Basis berechnet wird, welche Rückstellungen nötig sind um mit einer vorgegebenen Mindestwahrscheinlichkeit alle Ansprüche in der Zukunft decken zu können. In der Lebensversicherung ist die Berechnung der nötigen Rückstellungen ein besonders schwieriges Unterfangen. Der Hauptgrund ist die lange Laufzeit und die Komplexität der Verträge.

1.1 Problemstellung

Im Rahmen der Solvency II Richtlinie (EIOPA (2009)) ist jede Versicherung dazu verpflichtet ihr Risikokapital entsprechend dem Solvency Capital Requirement, kurz *SCR*, zu ermitteln um sicher zu stellen, dass das Unternehmen durch ausreichende Rückstellungen solvent bleibt. Das SCR ist definiert als das $0{,}5\%$-Quantil (Value-at-Risk) des Marktwerts der Basiseigenmittel (engl. *Basic Own Funds*, kurz *BOF*) in einem Jahr unter dem reellen Wahrscheinlichkeitsmaß (vgl. EIOPA (2014, S. 7)). Die Basiseigenmittel sind das Kapital, das der Versicherung nach Abzug aller Verpflichtungen an Versicherungsnehmer und Gläubiger zur Verfügung steht. Eine detaillierte Beschreibung der BOF findet man u.a. in GDV (2007) und Oehlenberg u. a. (2011).

Im Jahr 2008 veröffentlichte das CFO Forum, ein Forum aus Mitgliedern der größten europäischen Versicherungskonzerne, das Konzept des *Market Consistent Embedded Value (MCEV)* zum Ziel „einer methodisch fundierten, über Unternehmensgrenzen hinweg vergleichbaren und aussagekräftigen Messung der Ertragskraft einzelner Versicherungsverträge sowie gesamter Bestände" (siehe Becker u. a. (2014)). Der MCEV wurde zur Bestimmung der BOF im Rahmen einer Marktwertbilanz angepasst (siehe Wilson (2015)). In Bauer u. a. (2012) wird erwähnt, dass der Unterschied zwischen dem MCEV und den BOF nur sehr gering ist und daher der MCEV im Rahmen akademischer Arbeiten stellvertretend für die BOF verwendet werden kann. Die Autoren Özkan u. a. (2011) verwenden gar direkt den Begriff MCEV anstatt der BOF. Die BOF entsprechen also in etwa dem MCEV. Jedoch sollte darauf hingewiesen werden, dass der MCEV im Gegensatz zu den BOF ursprünglich nicht zur Festsetzung der Höhe des SCR eingeführt wurde. Er dient mehr als Maß des Wertes einer Lebensversicherung aus Sicht des Aktionärs und nicht der Festsetzung von nötigen Rückstellungen zum Schutz der Versicherungsnehmer.

In einer vereinfachten Marktwertbilanz (siehe z.B. Abb. 1.1) ergeben sich die BOF aus dem Marktwert der Anlagen des Unternehmens abzüglich der *Technical Provisions*, die der Deckung aller Verpflichtungen gegenüber Vertragsnehmern dient. Genauer ausgedrückt entsprechen die Technical Provisions genau dem Preis, den das Unternehmen zahlen müsste, wenn es alle Rechte und Verpflichtungen aus abgeschlossenen Verträgen an eine andere Versicherung übertragen würde (siehe CEIOPS (2009)). Die Technical Provisions setzen sich im Wesentlichen aus dem *Best Estimate of Liabilities* und einem *Risk Margin* zusammen. Der Best Estimate of Liabilities entspricht dem heutigen Marktwert aller Verpflichtungen an Versicherungsnehmer. Dabei werden nur bereits abgeschlossene Verträge berücksichtigt, nicht jedoch zukünftige Verträge. Der in Solvency II geforderte Risk Margin soll einen Puffer bieten, der es einer anderen Versicherung oder einer Rückversicherung ermöglichen soll, die Verpflichtungen im Falle der Insolvenz übernehmen zu können. Eine derartige vereinfachte Bilanz ist in Abb. 1.1 abgebildet. Ich fasse im Folgenden zur Vereinfachung den Risk Margin und den Best Estimate of Liabilities kurz als *Liabilities* zusammen, da in dieser Arbeit nur die Aufteilung zwischen den Geldflüssen an Versicherungsnehmer und den Geldflüssen an Aktionäre von Bedeutung ist.

Um die Wahrscheinlichkeitsverteilung und damit den Value-at-Risk des zukünftigen Marktwerts (vgl. Abb. 1.2) der BOF zu bestimmen, ist es also erforderlich sowohl den zukünftigen Marktwert der Aktiva als auch den zukünftigen Marktwert der Liabilities des Unternehmens, bedingt auf die ökonomische Entwicklung in der Zukunft, zu berechnen. Die Aktiva des Unternehmens sind zu jedem Zeit-

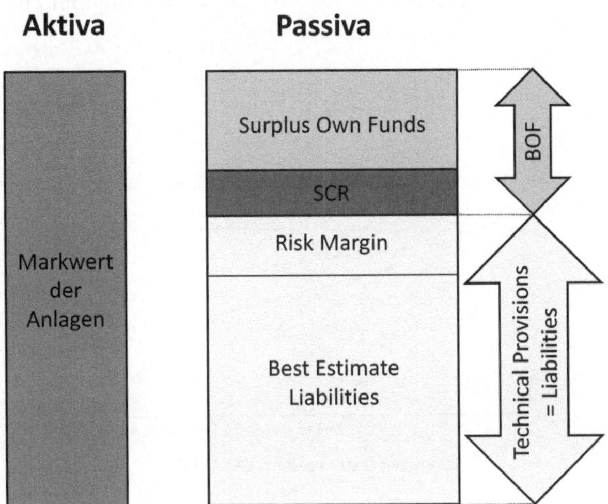

Abbildung 1.1: Die BOF in der Bilanz eines Versicherungsunternehmens (vgl. Reynolds (2015)).

punkt leicht zu bewerten, da sie üblicherweise bereits aus handelbaren Finanzinstrumenten bestehen, für deren Bewertung analytische Formeln oder effiziente numerische Algorithmen bekannt sind. Anders verhält es sich bei den Liabilities. In Verträgen der Lebensversicherung befinden sich Risikofaktoren, die vom Markt nicht abgebildet werden. Dazu gehören zum Beispiel Sterblichkeit und frühzeitige Verkaufsoptionen, aber auch die Länge der laufenden Verträge. Laufzeiten von bis zu vierzig Jahren sind durchaus üblich. Es gibt jedoch kaum Produkte am Finanzmarkt, die eine ähnliche Laufzeit haben, was eine marktkonsistente Bewertung deutlich erschwert. Hinzu kommt die Komplexität der Verträge. Versicherungsnehmer werden häufig an den Gewinnen des Unternehmens beteiligt und erhalten einen jährlichen Garantiezins, der nicht unterschritten werden darf. Diese Kreditierung erzeugt Auszahlungsprofile der Verträge, welche die Berechnung der Rückstellungen mit analytischen Methoden aussichtslos macht. Damit ist selbst

die Bewertung der heutigen BOF nicht trivial. Für die Bestimmung der zukünftigen Verteilung ist also ein geschickter Lösungsansatz unumgänglich.

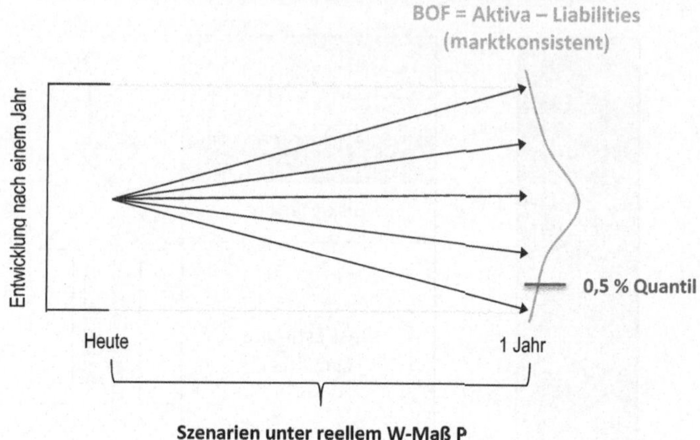

Abbildung 1.2: Idealerweise kennt man den marktkonsistenten Wert der BOF in einem Jahr für jedes
beliebige Szenario und liest das $0,5\%$-Quantil ab.

1.2 Lösungsansätze

In der akademischen Forschung ist man daraufhin zunehmend auf Monte-Carlo
Methoden aufmerksam geworden. Bei der klassischen Monte-Carlo Simulation
werden für die Bewertung Verlaufspfade der zukünftigen Auszahlungen an
Versicherungsnehmer (Liability Cash-Flows) unter Verwendung eines risiko-
neutralen Wahrscheinlichkeitsmaßes erzeugt. Aus diesen Pfaden wird dann durch
Mittelung approximativ der marktkonsistente Wert berechnet (siehe Abb. 1.3).

Grosen u. Jørgensen (2000) sind einer der Vorreiter in der Bewertung von Lebens-
versicherungen über Monte-Carlo Simulation. Sie formulieren ein zeitstetiges
Finanzmarktmodell und eine an die Praxis angelehnte Kreditierungsstrategie der
Versicherungsverträge. Daraufhin simulieren sie risikoneutrale Verlaufspfade

eines Vertrags und bestimmen den Wert des Vertrags durch Mittelung. Es ist nicht ihr Ziel die Wahrscheinlichkeitsverteilung des Marktwertes in einem Jahr zu bestimmen. Ihr Augenmerk liegt vorwiegend auf der Untersuchung von Sensitivitäten des Vertrags bezüglich diverser Markt- und Kreditierungsparameter. Allerdings ist ihr Modell zur Kreditierung der Verträge ein Novum, da es die Gewinnbeteiligung der Versicherungsnehmer an den Gewinnen des Unternehmens einbezieht, ein Merkmal, welches in aktuellen Verträgen üblich ist. Dementsprechend wird es zur weiteren Analyse von Lebensversicherungen verwendet, wie z.B. in Bacinello (2001), Hansen u. Miltersen (2002) oder Schmeiser u. Wagner (2013).

Eine naheliegende Methode die Wahrscheinlichkeitsverteilung des Marktwertes in einem Jahr zu bestimmen, wäre zunächst einjährige Szenarien unter dem reellen Maß zu generieren (äußere Szenarien) und für jedes dieser Szenarien durch Monte-Carlo Simulation (innere Szenarien) den marktkonsistenten Wert zu bestimmen (vgl. Abb. 1.3). Ein solches Vorgehen nennt man Nested Monte-Carlo Verfahren. Das risikoneutrale Maß $\mathbb{Q}$ zur Erzeugung der inneren Szenarien ist dabei vom äußeren Szenario unabhängig. Es wird nicht für jedes äußere Szenario i ein risikoneutrales Maß $\mathbb{Q}_i$ neu kalibriert sondern basierend auf den heutigen Marktdaten ein festes $\mathbb{Q}$ für den gesamten Zeithorizont bestimmt. Die Erzeugung solcher Szenarien ist jedoch auf Grund der großen Anzahl an Risikofaktoren und der bereits erwähnten komplexen Struktur der Verträge numerisch sehr aufwändig. Für das Nested Monte-Carlo Verfahren müssen viele Szenarien generiert werden, was diese Methode numerisch ineffizient macht. Dies wird mitunter in der Arbeit von Bauer u. a. (2010) deutlich. Zur Bewertung einer amerikanischen Option mit einer Laufzeit von zehn Jahren, erzeugen sie Verlaufspfade der Marktrisikofaktoren mit einer Baumstruktur. Die Berechnung des Marktwerts der Option erfolgt dann durch Rückwärtsinduktion. Bei 5000 Trinomialbäumen, was einem Simulationsaufwand von insgesamt $5000 \times 3^10 \approx 300$ Millionen Szenarien entspricht, erhalten sie für den Wert der Option relative Schätzfehler von über 2%. Die Berechnung der Schätzer dauert mehr als 11 Minuten. Bei einer Anwendung auf Verträge in der Lebensversicherung wäre dieser Nachteil noch schwerwiegender, da durch die Komplexität und Dauer der Verträge die Erzeugung von 1000 Verlaufspfaden der Liability Cash-Flows bereits etwa 10 Minuten erfordert. Daher sind alternative Monte-Carlo Verfahren untersucht worden.

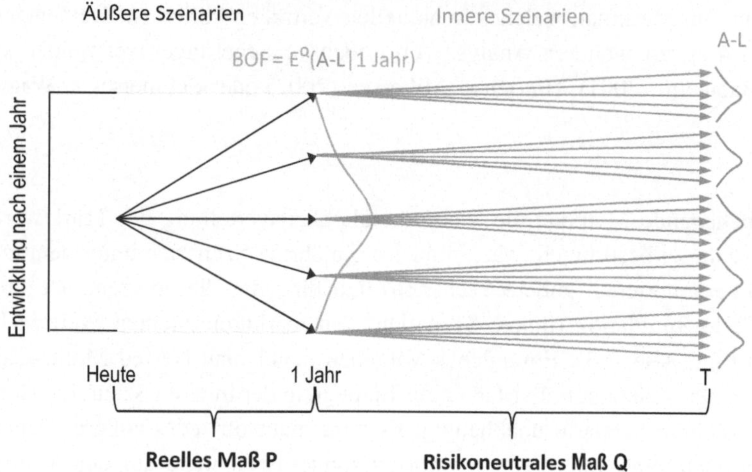

Abbildung 1.3: Für jedes generierte einjährige Anfangsszenario werden risikoneutrale Szenarien generiert und der marktkonsistente Wert approximativ durch Mittelung bestimmt. L steht für die kumulierten Auszahlungen des Unternehmens an die Versicherungsnehmer.

Bergmann (2011) erwähnt in ihrer Arbeit das stochastische Gitter Verfahren von Broadie u. Glasserman (2004). Für die Umsetzung dieses Verfahrens wird jedoch die Kenntnis der Übergangsdichten aller Risikofaktoren benötigt. Diese sind in der Praxis nicht bekannt. Der Versicherung stehen zur Berechnung oft nur sogenannte „ESG" Dateien zur Verfügung. Diese Dateien enthalten lediglich simulierte Szenarien der Geldflüsse aus Verpflichtungen, nicht jedoch die Zustände der Risikofaktoren. Für eine Anwendung des Gitter Verfahrens wären deutlich reichhaltigere Informationen mit Einbezug von Übergangswahrscheinlichkeiten notwendig. Versicherungen verwenden jedoch bis zu 300 Risikofaktoren, von denen viele stochastische Abhängigkeiten aufweisen. Für die Berechnung einer gemeinsamen Dichte würde bei dieser Dimension eine gewaltige Datenmenge erforderlich sein, die übliche Hardwarekapazitäten übersteigt. Nach bestem Wissen gibt es bisher keine Anwendung dieses Verfahrens in der Berechnung der BOF.

Eine Vielzahl von Autoren setzt dagegen das bekannte Least Square Monte-Carlo (LSMC) Verfahren ein, das von Longstaff u. Schwartz (2001) verwendet worden ist um amerikanische Optionen zu bewerten. Die Schwierigkeit bei der Bewertung amerikanischer Optionen besteht darin, einen bestimmten bedingten Erwartungswert in jedem Zeitpunkt und in jedem Szenario zu bestimmen. Das Nested Monte-Carlo Verfahren ist dafür unbrauchbar, da die Anzahl an benötigten Szenarien exponentiell mit der Anzahl der Zeitschritte wächst. Das LSMC Verfahren umgeht diesen numerischen Aufwand, indem ausschließlich unverzweigte Verlaufspfade erzeugt werden. Für jeden Zeitpunkt wird mit Hilfe einer Linearkombination geeignet gewählter Basisfunktionen versucht, den bedingten Erwartungswert in jedem Knoten möglichst genau zu approximieren. Die Approximation erfolgt dabei über die Methode der kleinsten Quadrate.

Ähnlich wie bei amerikanischen Optionen muss auch die Versicherung den Marktwert der Liability Cash-Flows in einem Jahr, also auch einen bedingten Erwartungswert, in jedem Szenario bestimmen. Analog erzeugt man hier für jedes einjährige reelle Anfangsszenario einen fortführenden Pfad unter dem risikoneutralen Maß (siehe Abb. 1.4). Zum LSMC Verfahren findet man eine große Auswahl an Literatur. Abgesehen von Longstaff u. Schwartz (2001) wird die Methode unter anderem von Tsitsiklis u. van Roy (2001), Glasserman u. Yu (2004), Stentoft (2004), Egloff u. a. (2007), Beutner u. a. (2013) und Zanger (2016) zur Bewertung von amerikanischen Optionen verwendet. In Andreatta u. Corradin (2003), Baione u. a. (2006), Bernard u. Lemieux (2008) und Bauer u. a. (2010) findet man Anwendungen des LSMC Verfahrens auf die Bewertung der Liability Cash-Flows. Im bereits erwähnten Simulationsbeispiel benötigen Bauer u. a. (2010) mit dem LSMC Verfahren für einen relativen Schätzfehler von weniger als $0,2\%$ nur etwa 24 Sekunden. Verglichen mit dem Nested Monte-Carlo Verfahren ist das LSMC Verfahren damit klar überlegen.

Bei Versicherungen ist das Least Square Monte-Carlo Verfahren nicht beliebt. Stattdessen hat sich eine dritte Monte-Carlo Methode etabliert, welche das Thema meiner Dissertation ist - replizierende Portfolios.

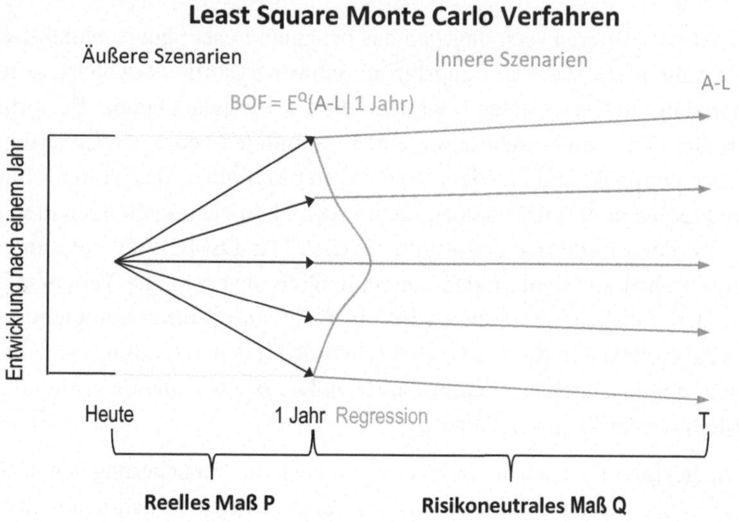

Abbildung 1.4: Für jedes generierte einjährige Anfangsszenario wird ein (oder nur wenige) risikoneutrales Szenario generiert. Der Marktwert der BOF in einem Jahr wird durch eine Linearkombination von in einem Jahr messbaren Basisfunktionen approximiert. Es wird also in den einjährigen Szenarien regressiert. Die Regression erfolgt durch die Methode der kleinsten Quadrate.

1.3 Lösung über replizierende Portfolios

Pelsser (2003) führte rückblickend vermutlich als Erster die Idee ein, das Profil der Liability Cash-Flows mit einem statischen Portfolio aus Finanzinstrumenten zu replizieren. Er betrachtet einen Lebensversicherungsvertrag mit Gewinnbeteiligung und Garantiezins und versucht dessen Cash-Flow Profil durch ein Portfolio aus Vanilla Swaptions nachzubilden. Dadurch gelingt ihm eine bemerkenswert gute Annäherung an den Marktwert und die Cash-Flows des Vertrags.

Das Konzept das Auszahlungsprofil eines Wertpapiers mit Finanzinstrumenten dynamisch zu replizieren ist in der Finanzmathematik bekannt. In ihrem berühmten Paper führen Black u. Scholes (1973) einen vollständigen Markt ein und beweisen, dass jedes Auszahlungsprofil durch eine dynamische Delta-Hedging-Strategie perfekt nachgebildet werden kann. Dieses Ergebnis ist daraufhin ausgiebig in der Literatur zur Bewertung angewendet worden (siehe z.B. Cox u. Ross (1976) oder Leland (2001)). Das hat Pelsser (2003) motiviert, die Replikationstheorie in der Bewertung von Optionen mit Garantieverzinsung, wie sie typischerweise als Verträge in der Lebensversicherung angeboten werden, einzusetzen. Tatsächlich ist Pelssers Replikation zum Zweck des Bilanzstrukturmanagement gedacht mit dem Ziel das Zinsrisiko abzusichern. Er argumentiert, dass der Einsatz von dynamischen Delta-Hedging-Strategien für Optionen mit langer Laufzeit in der Praxis inadäquat sei. Zum Einen könnten diese Strategien sogenannte „Feedback-Loops" hervorrufen. Mit der Zeit müssten Versicherungen zunehmend große Positionen im Portfolio umschichten um delta-neutral zu bleiben bis zu dem Grad, dass diese Umschichtungen den Preis der Anlagen beeinflussten. Diese Preisänderungen würden für die Delta-Neutralität wiederum eine Umschichtung erfordern, was der Anfang einer gefährlichen Spirale bedeute. Zum Anderen seien die Transaktionskosten einer Hedging Strategie über einen langen Zeithorizont sehr groß. Daher schlägt er vor statisch zu replizieren.

Diese Idee der Replikation wurde erst später durch Oechslin u. a. (2007) erstmalig im Risikomanagement der Lebensversicherung verwendet.

Die zu Grunde liegende Idee der Replikation zur Bewertung von Versicherungsverträgen ist einfach. Man versucht mit einer bestimmten Anzahl an ausgewählten leicht bewertbaren Finanzinstrumenten über ein Optimierungsproblem ein Portfolio zu erstellen, dessen Cash-Flow Profil dem der Liabilities möglichst nahe kommt. Da die Aktiva bereits aus einem Portfolio aus Finanzinstrumenten bestehen, reicht es lediglich die Cash-Flows der Liabilities nachzubilden. Ist die

Ähnlichkeit zwischen den Cash-Flow Profilen groß genug, sollte sich zu jedem Zeitpunkt und in jedem Szenario der Marktwert der Liability Cash-Flows mit dem Wert des Portfolios abschätzen lassen. Der Vorteil besteht darin, dass die Bewertung von Finanzinstrumenten mithilfe analytischer Formeln und effizienter numerischer Methoden vergleichsweise einfach ist. Es ist jedoch maßgeblich welche Kriterien angesetzt werden um zu entscheiden wann zwei Cash-Flow Profile ausreichende Ähnlichkeit besitzen. Dabei muss im Auge behalten werden, welches Ziel mit der Replikation angestrebt wird. In Kapitel 3 werde ich die tatsächliche Zielgröße des Versicherers klar definieren und zeigen, dass Replikation der Liability Cash-Flows tatsächlich geeignet ist um ihren Marktwert gut zu approximieren.

Das Verfahren der Replikation ist dem Least Square Monte-Carlo Verfahren ähnlich. Wieder werden über Monte-Carlo Simulation unverzweigte Verlaufspfade erzeugt und die Cash-Flow Profile verglichen. Allerdings wird nicht in den einjährigen Szenarien regressiert, sondern typischerweise die abdiskontierten Terminal Values zum Ende des Zeithorizonts[1] (siehe Abb. 1.5). Glasserman u. Yu (2004) untersuchen den Unterschied zwischen der Regression zu früheren (Regress-Now) und späteren Zeitpunkten (Regress-Later) im Rahmen der Bewertung amerikanischer Optionen. Üblicherweise wird die Regress-Now Variante als klassisches Least Square Monte-Carlo Verfahren betitelt, da es so von Longstaff u. Schwartz (2001) verwendet wurde. Es stellte sich heraus, dass Regression zum späteren Zeitpunkt mit höherem Bestimmtheitsmaß R^2 und kleineren Kovarianzen der resultierenden Schätzer einhergeht. Beutner u. a. (2013) zeigen, dass replizierende Portfolios der Regress-Later Variante in Glasserman u. Yu (2004) entsprechen.

Lange gab es keine theoretischen Resultate bezüglich replizierender Portfolios. Erst in den letzten Jahren haben Beutner u. a. (2015), Pelsser u. Schweizer (2016) und Beutner u. a. (2013) in einer Reihe von Publikationen einen großen Beitrag zur mathematischen Fundierung replizierender Portfolios geleistet. Sie analysieren detailliert den Unterschied zwischen dem Least Square Monte-Carlo Verfahren und replizierenden Portfolios und kommen zu dem Schluss, dass replizierende

---

[1] Beim Cash-Flow-Matching, das ich später einführen werde, wird mithilfe einer festgelegten Zielfunktion über alle Zeitpunkte regressiert an denen Cash-Flows stattfinden

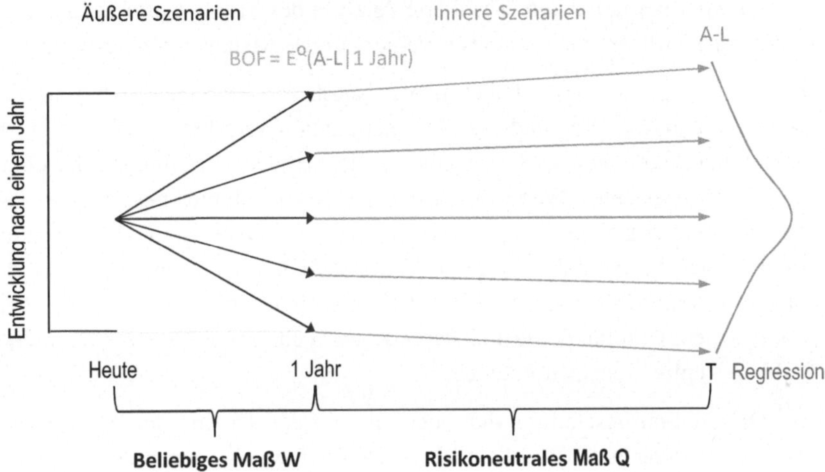

Abbildung 1.5: Wie bei LSMC werden für die Replikation unverzweigte Verlaufspfade der Cash-Flows erzeugt. Jedoch findet hier die Regression zum Zeitpunkt T (bzw. zum Zeitpunkt der Cash-Flows) statt.

Portfolios aus mehreren Gründen zu bevorzugen sind. Das Hauptargument ist, dass das LSMC Verfahren einen zusätzlichen sogenannten „Projektionsfehler" erzeugt. Dieser entsteht dadurch, dass Erwartungen bedingt auf die einjährigen Szenarien regressiert werden. Mit replizierenden Portfolios vermeidet man diesen Fehler, da immer zum Zeitpunkt des Cash-Flows (oder später) regressiert wird. Zusätzlich zeigen sie, dass das Bestimmtheitsmaß R^2 nur bei replizierenden Portfolios ein sinnvoller Maßstab für die Güte der Regression ist. Der dritte Vorteil besteht darin, dass die Rate, mit welcher der Approximationsfehler bei Steigerung der Anzahl von Replikationsinstrumenten und erzeugten Szenarien in beschränkter Wahrscheinlichkeit gegen Null konvergiert, höher sein kann als für das LSMC Verfahren. Zusammen mit den erwähnten Erkenntnissen von Glasserman u. Yu (2004) erscheint damit die Methode der replizierenden Portfolios gegenüber dem Least Square Monte-Carlo Verfahren vorteilhafter. Allerdings betreffen diese Resultate nur die Güte des Approximationsfehlers. Es fehlt jedoch eine vom Approximationsfehler isolierte Analyse des Monte-Carlo Fehlers sowie eine Aussage darüber, wie sich dieser Fehler auf das Risikokapital auswirkt.

Cambou u. Filipovic (2016) haben neben Natolski u. Werner (2016a) als Erste eine mathematische Begründung des Replikationsverfahrens hergeleitet. Sie beweisen u.a., dass sich der Unterschied zwischen den Verteilungen der einjährigen marktkonsistenten Werte durch den Replikationsfehler beschränken lässt. Insbesondere setzt sich der Fehler in der Verteilung (gemessen durch Anwendung des kohärenten Risikomaßes Average Value-at-Risk[2]) höchstens linear mit dem Replikationsfehler fort. Für den Value-at-Risk zeigen Cambou u. Filipovic (2016) das schwächere Resultat der fast-sicheren Konvergenz des Fehlers bei wachsender Anzahl an Replikationsinstrumenten.

Diese Dissertation beschäftigt sich ebenfalls mit der Theorie der replizierenden Portfolios, weswegen die Resultate inhaltlich unter die hier genannten Publikationen eingereiht werden können. Trotz der vorhandenen Arbeiten, sind noch etliche Lücken nicht geschlossen worden. In Abschnitt 1.4 folgt eine Einordnung der Dissertation in die vorhandene Literatur und eine genaue Erörterung der offenen Lücken, welche im Laufe der Arbeit gefüllt werden.

Obwohl diese Arbeit keinen direkten Beitrag zu praktischen Aspekten replizierender Portfolios leistet, lohnt sich eine knappe Darstellung der Resultate aus der Anwendung um ein umfassendes Bild der Thematik zu schaffen.

In der Literatur ist Replikation zur Bewertung in der Lebensversicherung aus praktischer Perspektive bereits studiert worden. Zur Berechnung des replizierenden Portfolios haben sich aus nicht vollständig transparenten Gründen zwei Optimierungsprobleme durchgesetzt. Das Erste zielt darauf ab den Liability Cash-Flow in jedem einzelnen Zeitpunkt gut abzubilden und wird üblicherweise als

---

2 Der Average Value-at-Risk ist auch bekannt als Expected Shortfall, Conditional oder Tail Value-at-Risk

Cash-Flow-Matching bezeichnet (Regression zum Zeitpunkt des Cash-Flows). Der zweite Ansatz ist weniger restriktiv, da es hier nur darauf ankommt ob die abgezinsten kumulierten Cash-Flows (Discounted Terminal Values) getroffen werden (Regression zum Ende des Zeithorizonts). Die Cash-Flows in einzelnen Zeitpunkten dürfen sich dabei deutlich unterscheiden. Es wird deshalb als Terminal-Value-Matching bezeichnet. Bislang gibt es keine einheitliche Meinung, welches der beiden Probleme zielführender ist. Nach Ansicht von Oechslin u. a. (2007) ist das Cash-Flow-Matching inadäquat, da Versicherungen und Versicherungsnehmer versuchen Cash-Flows über die Zeit auszugleichen. Beispielsweise würde ein Jahr mit hohen Erträgen nicht sofort mit Kunden geteilt werden. Das träfe erst nach mehreren ertragreichen Jahren hintereinander ein. Analog würden auch Kunden ihren Vertrag nach einem Jahr mit hohen Überschussbeteiligungen nicht sofort kündigen. Dies sei ein Effekt, der sich von einem statischen Portfolio kaum darstellen lässt und es sei zu vermuten, dass der Optimalwert beim Cash-Flow-Matching groß ausfallen dürfte, was die Beurteilung der Güte eines Portfolios beeinträchtige. Diese Argumentation bleibt jedoch qualitativ, da diesbezüglich keine Fallstudien unternommen wurden. In einer numerischen Studie nehmen auch Daul u. Vidal (2009) einen Vergleich vor. Die Güte replizierender Portfolios wird durch das Mittel der absoluten Abweichungen zwischen den diskontierten Terminal Values (Tracking Error) und das Bestimmtheitsmaß R^2 gemessen. Beim Vergleich des Cash-Flow-Matchings mit dem Terminal-Value-Matching stellt sich wenig überraschend heraus, dass das in-sample Bestimmtheitsmaß beim Terminal-Value-Matching höher ist. Allerdings ist der out-of-sample Tracking Error beim Cash-Flow-Matching niedriger, was insgesamt eher für das Cash-Flow-Matching spricht. Eine rein analytische Aufdeckung der Unterschiede zwischen den Ansätzen ist bislang ausgeblieben. Diese hole ich in Kapitel 7 nach. Dabei wird sich herausstellen, dass beide Ansätze ähnliche Eigenschaften haben. Sowohl Existenz und Eindeutigkeit der optimalen Lösungen sind unter sehr milden Voraussetzungen gegeben. Auch der Marktwert der optimalen Portfolios entspricht dem Marktwert der Liability Cash-Flows. Als spannende Frage stellt sich heraus, welches der Probleme numerisch effizienter zu lösen ist. Die Antwort auf diese Frage hängt unter anderem davon ab welches Cash-Flow-Matching Problem gewählt wird, da in der Praxis und in der Literatur unterschiedliche Zielfunktionen verwendet werden.

In einer Reihe von Publikationen wird detailliert untersucht, wie sich die Güte des replizierenden Portfolios verbessern lässt. Eine einfache Verbesserung erreichen Oechslin u. a. (2007), indem sie der Optimierung die Übereinstimmung der heutigen Marktwerte des replizierenden Portfolios und der Liability Cash-Flows als Nebenbedingung hinzufügen. Daul u. Vidal (2009) nehmen zusätzlich zu den simulierten auch künstlich erzeugte Szenarien in die Optimierung auf. In den künstlich erzeugten Szenarien sind ausgewählte instantane Schocks aus dem Finanzmarkt enthalten, die eine signifikante Veränderung des Marktwerts der Liability Cash-Flows vermuten lassen. Durch eine Umgewichtung der simulierten Szenarien mit großen Gewichten auf Szenarien mit einem hohen diskontierten Terminal Value und vice versa, wird gezielter in hohe Quantile optimiert also insbesondere im Bereich des Value-at-Risk. Mit instantanen Schocks rechnen Özkan u. a. (2011) ein numerisches Beispiel des Cash-Flow-Matchings durch. Ihnen gelingt es ein hohes Bestimmtheitsmaß R^2 mit gleichzeitig sehr genauem Match in den Schockszenarien zu erhalten. Probleme in der Robustheit des replizierenden Portfolios merzen sie ohne merkliche Verschlechterung der Replikationsqualität durch Einführung von Transaktionskosten aus. Auch Dubrana (2011) fügt analog zu Daul u. Vidal (2009) künstliche, durch instantane Schocks erzeugte Stressszenarien zur Optimierung hinzu. Er fordert durch zusätzliche Nebenbedingungen, dass der Fehler des abdiskontierten Terminal Values in diesen Szenarien nicht zu groß wird. Dadurch erreicht er eine gute Übereinstimmung zwischen dem Marktwert des replizierenden Portfolios und den Liability Cash-Flows nach Anwendung der Schocks. Seemann (2011) führt in seiner Dissertation eine genau dokumentierte Replikation anhand von simulierten Daten aus. Schritt für Schritt analysiert er welche Risikofaktoren mittels welcher Instrumente angemessen einbezogen werden können. Auch er schließt Schockszenarien ein und vergleicht die jeweilige Änderung der Marktwerte. Sein Fazit ist, dass die Einführung von Nebenbedingungen um Marktwerte in den Schockszenarien zu treffen wenig sinnvoll ist. Zum einen würden die Nebenbedingungen den zulässigen Bereich in der Optimierung zu stark einschränken und damit die Replikation in den Szenarien ohne Schock verschlechtern. Zum anderen könnten die Szenarien mit Schock nicht mehr in der Zielfunktion eingesetzt werden, womit neue aufwendig erzeugte Szenarien nötig seien. Im Gegensatz zu Dubrana (2011) fordert er jedoch in seinen Nebenbedingungen, dass die Marktwerte exakt getroffen werden. Es wird keine Aussage getroffen für den Fall, dass gewisse Fehlerschranken erlaubt sind.

Der zu Grunde liegende Gedanke bei der Analyse instantaner Schocks basiert auf der Hoffnung, dass einjährige Szenarien, die innerhalb des Jahres eine extreme Änderung eines Risikofaktors bzw. einen Schock erfahren, durch instantane Schocks nahezu perfekt ersetzt werden können. Es wird also der zeitliche Verlauf aller anderen Risikofaktoren und deren Auswirkungen auf zukünftige Cash-Flows ignoriert (vgl. Abb 1.6). Jedoch wurde diese Annahme bisher nie theoretisch verifiziert. Der Fehler aus der Negierung des zeitlichen Verlaufes aller Risikofaktoren bleibt zu quantifizieren. In dieser Arbeit werde ich auf diese Fragestellung nicht näher eingehen.

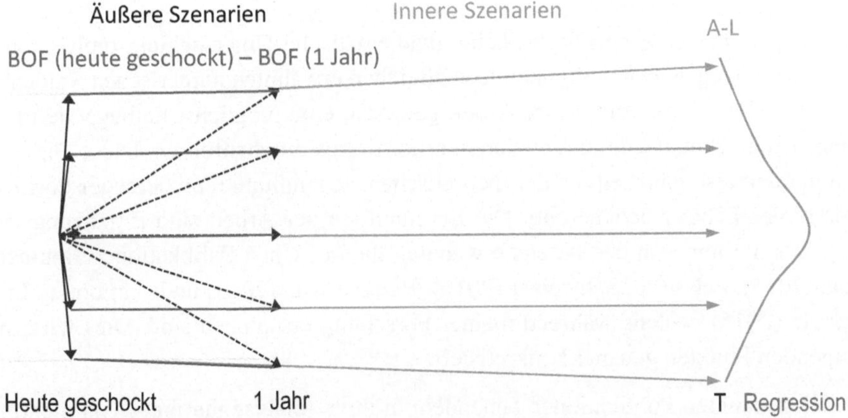

Abbildung 1.6: Auf Basis von instantanen Schocks wird versucht extreme Quantile genauer zu treffen. Dabei wird angenommen, dass der Unterschied zwischen einem instantanen Schock und einem einjährigen Szenario in dem dieser Schock stattfindet (rot gekennzeichnet) vernachlässigbar ist.

Chen u. Skoglund (2012) führen in ihrer Optimierung weitere Nebenbedingungen zur Verbesserung der Eigenschaften des replizierenden Portfolios ein. Dazu schränken sie den zulässigen Bereich auf Portfolios ein, deren Cash-Flows in jedem Zeitpunkt einen vorgegebenen Fehler im Average Value-at-Risk, in der absoluten Norm nicht überschreiten. Zur Berechnung des optimalen Portfolios formulieren sie ein lineares Programm. Dadurch sind sie in der Lage zu überprüfen, ob die Instrumente zur Replikation angemessen gewählt wurden. Hat das Problem keinen zulässigen Bereich, deutet das auf eine schlechte Auswahl von replizierenden Instrumenten hin. Durch Beschränkung des Conditional Value-at-Risk vermeiden sie große Abweichungen in den Extremszenarien, die in Hinsicht auf die Solvency II Vorgaben besonders relevant sind.

1.4 Einordnung der Arbeit

Vor Beginn dieser Arbeit hat es keine mathematische Untersuchung replizierender Portfolios gegeben, lediglich die zahlreichen erwähnten numerischen Studien. Daher ist Forschungsziel dieser Arbeit gewesen, eine möglichst tiefliegende mathematische Untersuchung replizierender Portfolios durchzuführen. Diese Dissertation dient also ganzheitlich der theoretischen Behandlung replizierender Portfolios in der Lebensversicherung. Die Erkenntnisse der Arbeit sind Ergänzung zu und Erweiterung von den bereits erwähnten theoretischen Publikationen Beutner u. a. (2015), Pelsser u. Schweizer (2016), Beutner u. a. (2013) und Cambou u. Filipovic (2016), welche während meiner Forschung erschienen sind. Dies wird in folgenden Punkten genauer konkretisiert.

- Die genannten Publikationen behandeln in ihrer Analyse nur eines von mehreren in der Praxis verwendeten Replikationsformulierungen, das Terminal-Value-Matching. Es hat den Vorteil gut mit dem Least Square Monte-Carlo Verfahren verglichen werden zu können und effizient lösbar zu sein[3]. Den Studien von

---

3 Effizienz der Lösbarkeit verschiedener Replikationsprobleme wird in Abschnitt 5.4 genauer betrachtet.

Daul u. Vidal (2009) zufolge ist es jedoch weniger robust als das Cash-Flow-Matching, die Gefahr des Overfittings ist gegeben. Die Untersuchung der Vor- und Nachteile und der Vergleich verschiedener Replikationsprobleme ist eine der zentralen Elemente dieser Arbeit. Daher werden hier alle in der Praxis üblichen Probleme, eingenommen das Cash-Flow-Matching, in Betracht gezogen.

- Beutner u. a. (2015), Pelsser u. Schweizer (2016) und Beutner u. a. (2013) treffen nur Aussagen über Konvergenzgeschwindigkeiten des Approximationsfehlers mit wachsender Anzahl an Replikationsinstrumenten, jedoch leiten sie keine Fehlerschranken an das Risikokapital her, wenn, wie in der Realität, die Anzahl der Instrumente vorgegeben ist. Zeitgleich zu unseren Ergebnissen in Natolski u. Werner (2016a) haben Cambou u. Filipovic (2016) Schranken für den Fall erhalten, dass das zu berechnende Risikomaß der Expected Shortfall ist. Somit sind replizierende Portfolios nur beim Terminal-Value-Matching und nur für den Expected Shortfall mathematisch begründet worden. In der gesamten Dissertation wird die Anzahl der Replikationsinstrumente als fest und gegeben vorausgesetzt und Fehlerschranken an das Risikokapital für kohärente Risikomaße und den unter Solvency II geforderten Value-at-Risk hergeleitet. Die mathematische Begründung wird somit auf eine große Bandbreite von Replikationsproblemen und weitere Risikomaße ausgeweitet.

- In der gesamten Literatur zu replizierenden Portfolios in der Lebensversicherung wird, mit Ausnahme der in diesem Abschnitt erwähnten theoretischen Arbeiten, die Verwendung des risikoneutralen Wahrscheinlichkeitsmaßes im Replikationsproblem vorausgesetzt. Der Hauptgrund ist, dass damit die marktkonsistenten Werte des replizierenden Portfolios und der Liability Cash-Flows übereinstimmen (vgl. Oechslin u. a. (2007)). Vorteile im Vergleich zum reellen Maß werden auch von Cambou u. Filipovic (2016) ausgeführt. Eine genauere Untersuchung welches Wahrscheinlichkeitsmaß sich für die Replikation am besten eignet, ist bisher ausgeblieben. In Kapitel 4 zeige ich, dass die Wahl des Wahrscheinlichkeitsmaßes für eine Begründung der Replikation keine Rolle spielt. Sowohl unter dem risikoneutralen als auch unter dem reellen Maß erhält man eine obere Fehlerschranke für die Zielgröße der Versicherung. Neben dem reellen und dem risikoneutralen Wahrscheinlichkeitsmaß führe ich ein drittes (gemischtes) Wahrscheinlichkeitsmaß ein, welches gegenüber den anderen beiden Maßen hinsichtlich der Zielsetzung bevorzugt werden sollte. Für alle drei Wahrscheinlichkeitsmaße und für jedes Replikationsproblem gebe ich explizite Fehlerschranken an, die auch in der Praxis leicht zu berechnen sind.

- In Cambou u. Filipovic (2016) werden zum ersten Mal auch Konvergenzeigenschaften eines Monte-Carlo Schätzers für das replizierende Portfolio untersucht und die fast-sichere Konvergenz des resultierenden geschätzten SCR gegen den festen, mit einem Replikationsportfolio approximierten, SCR bewiesen. Allerdings setzen sie die Kenntnis der gemischten zweiten Momente aller Auszahlungsprofile im Markt voraus. Diese Annahme ist jedoch fraglich, da die Berechnung dieser Momente analytisch nicht möglich ist, sondern numerischer Methoden bedarf. Ungeklärt bleibt, ob dies effizienter als mit Monte-Carlo Methoden umgesetzt werden kann. Parallel zu ihrer Publikation beweise auch ich in Natolski u. Werner (2017a) grundlegende Konvergenzeigenschaften von Monte-Carlo Schätzern. Dabei leite ich sowohl für das Terminal-Value-Matching als auch für das Cash-Flow-Matching ohne Kenntnis der zweiten Momente fast-sichere Konvergenz des geschätzten SCR her. Diese Ergebnisse werden in Kapitel 8 ausgeführt.

Im Zuge und abseits dieser Beiträge sind weitere bedeutende Resultate entstanden, die zum Verständnis und zur Erweiterung der Replikationstheorie wesentlich beitragen.

- In der Literatur ist bis heute ausschließlich zwischen zwei Formen des Cash-Flow-Matchings unterschieden worden, dem absoluten Cash-Flow-Matching und dem quadrierten Cash-Flow-Matching. Dem quadrierten Cash-Flow-Matching ist als Metrik stets die Euklidische Norm des Vektors aus $\mathscr{L}^2$-Fehlern über alle Zeitpunkte zu Grunde gelegt worden. Die Wahl hat den Vorteil das resultierende Replikationsproblem analytisch handhabbar zu machen. In Natolski u. Werner (2014) führen wir ein neues Matching Problem ein, indem wir die Euklidische Norm durch die Summennorm ersetzen. Zunächst erscheint dies unvorteilhaft, da die analytischen Eigenschaften des Replikationsproblems wegfallen. Es stellt sich jedoch heraus, dass die eindeutige Lösung numerisch ebenso effizient berechnet werden kann wie unter Verwendung der Euklidischen Norm.

Desweiteren verringert die Verwendung der Summennorm im Vergleich zur Euklidischen Norm die Gefahr, konzentriert in Zeitpunkten zu optimieren, in denen es schwieriger ist eine gute Approximation zu erreichen. Dies ist vor allem in langen Laufzeiten zu erwarten, für die nur wenige replizierende Instrumente zur Verfügung stehen. Damit wird das neue Cash-Flow-Matching Problem eine attraktive Alternative, die zusätzliche Robustheit der Lösung liefern könnte. Die Ergebnisse sind aus Natolski u. Werner (2017b) entnommen und werden in Abschnitt 5.4 sowie Kapitel 6 präsentiert.

- Zum Verständnis der Unterschiede und Gemeinsamkeiten der Replikationsprobleme trägt besonders Kapitel 7 bei. Zwischen dem Terminal-Value-Matching und den zwei Cash-Flow-Matching Problemen leite ich direkte Zusammenhänge her. Insbesondere kann das in Natolski u. Werner (2014) eingeführte Cash-Flow-Matching Problem leicht in das Terminal-Value-Matching Problem überführt werden. Wenn man die Forderung der Statik des replizierenden Portfolios abschwächt und zulässt, dass mit dem Numéraire dynamisch repliziert werden darf, verschmelzen die beiden Probleme in eines. Weiter stellt sich heraus, dass die beiden Cash-Flow-Matching Probleme identisch sind, sobald die Cash-Flows der Instrumente zeitlich separiert werden können. In dem Fall finden Cash-Flows zweier Instrumente entweder ausschließlich an disjunkten oder immer zu denselben Zeitpunkten statt. Zuletzt kann auch der Zusammenhang des Terminal-Value-Matching mit dem ursprünglichen Cash-Flow-Matching mittels simultaner Diagonalisierung hergeleitet werden. Die Ergebnisse dieses Teils sind bereits in Natolski u. Werner (2014) publiziert.

- Auf dem Weg zur Begründung der Replikation unter dem risikoneutralen Maß, beweise ich in Abschnitt 4.3 eine neue Version des Hauptsatzes der Finanzmathematik. Er erweitert den Satz von Dalang, Morton und Willinger (siehe Dalang u. a. (1990)) in diskreter Zeit um die zusätzliche Forderung, dass der Maßwechsel vom risikoneutralen Maß zurück zum reellen Maß in der ersten Zeitperiode beschränkt ist. Isoliert ist dieser Satz für die Replikationstheorie von geringer Bedeutung, jedoch erweist er sich entscheidend für die Begründung der Replikationstheorie, wie sie in der Praxis umgesetzt wird. Der Beweis des Satzes ist in Natolski u. Werner (2016a) enthalten.

1.5 Aufbau der Arbeit

Ziel dieser Arbeit ist es replizierende Portfolios als mathematisch fundierte Methode zur Ermittlung des SCR zu etablieren und einen Vergleich analytischer, numerischer und statistischer Eigenschaften verschiedener Replikationsmethoden zu unternehmen.

Zunächst bedarf es eines mathematisch klar definierten Ziels, das mittels der Replikation erreicht werden soll. Neben der Zielformulierung stelle ich in Kapitel 3 alle in der Praxis verwendeten Replikationsformulierungen vor und definiere darauf basierend eine breite Klasse von Replikationsproblemen. Offene Punkte sind dabei

- die Präzisierung der Normen unter denen das Terminal-Value-Matching und das Cash-Flow-Matching gelöst werden sollen. Favoriten sind dabei die Normen $\mathscr{L}^1$ und $\mathscr{L}^2$.

- die Wahl des Wahrscheinlichkeitsmaßes unter dem repliziert werden soll. In der Praxis und in der Literatur (mit Ausnahme von Cambou u. Filipovic (2016)) wird ohne Hinterfragung das risikoneutrale Maß gewählt.

- die Wahl zwischen Terminal-Value-Matching und Cash-Flow-Matching, eine Frage, die in vielen Artikeln angesprochen und qualitativ untersucht wurde. Bisher herrscht dahingehend kein Konsens.

Aus dieser Klasse soll ein möglichst effizientes und zielführendes Problem ermittelt werden unter Beantwortung der offenen Punkte.

Der erste Schritt ist die Klärung der Frage ob überhaupt ein Zusammenhang zwischen der Zielsetzung und einem Replikationsproblem hergestellt werden kann. In stetiger Zeit ist eine Verbindung zwischen der Zielvorgabe und dem Terminal-Value-Matching bereits von Cambou u. Filipovic (2016) etabliert worden. Zeitgleich haben wir in Natolski u. Werner (2016a) in diskreter Zeit einen stärkeren Zusammenhang sowohl für das Cash-Flow- als auch für das Terminal-Value-Matching gefunden. Diesen Zusammenhang werde ich in Kapitel 4 detailliert erläutern. Man wird feststellen, dass unter geeigneten Voraussetzungen alle Replikationsprobleme sinnvolle Methoden zur Berechnung des SCR darstellen. Im Laufe dieser mathematischen Fundierung der Replikationsmethode werden sich gleichzeitig erste Hinweise auf die Beantwortung der Frage des optimalen Wahrscheinlichkeitsmaßes und des Matching-Problems ergeben.

Zur genaueren Beantwortung der offenen Fragen führe ich zunächst in Kapitel 5 eine Diskussion über Vor- und Nachteile der verschiedenen Replikationsprobleme. Im Zuge dessen wird sich herausstellen, dass Probleme bei denen die Fehler zwischen Cash-Flows quadratisch in die Zielfunktion eingehen, einen entscheidenden Vorteil bei der numerischen Lösung haben. Die Anzahl der verwendeten Szenarien für die Optimierung erzeugt bei diesen Problemen keinen zusätzlichen Rechenaufwand. Glücklicherweise bietet die $\mathscr{L}^2$-Norm viel Struktur, die für eine mathematische Analyse genutzt werden kann, um weitere Erkenntnisse über die Eigenschaften und Zusammenhänge der Replikationsprobleme zu gewinnen. Neben Existenz und Eindeutigkeit von Lösungen in Kapitel 6, leite ich in Kapitel 7 Zusammenhänge her und erläutere im Umkehrschluss die Konsequenzen für die Eigenschaften der replizierenden Portfolios.

In Kapitel 8 prüfe ich schließlich replizierende Portfolios auf Konvergenzeigenschaften von Monte-Carlo Schätzern. Dabei zeige ich Konsistenz und asymptotische Normalität der Schätzer und leite Konvergenzgeschwindigkeiten im fastsicheren Sinn her. Insbesondere entspringt daraus die Konsistenz der empirischen Zielfunktionen, welche die Verwendung replizierender Portfolios im Risikomanagement endgültig rechtfertigt. Keines der Replikationsprobleme kristallisiert sich hierbei als besonders vorteilhaft heraus. Jedoch liefert das Kapitel Resultate, die in der praktischen Anwendung nützlich für das Testen und Validieren der Schätzer sein können.

2 Mathematischer Aufbau und Problemstellung

Der Aufbau und die Notation ist überwiegend aus Natolski u. Werner (2014) entnommen.

2.1 Das mathematische Modell

Ausgehend von der diskreten Zeitachse[1] $\mathcal{T}_0 := \{0\} \cup \mathcal{T}$ mit $\mathcal{T} := \{1,\ldots,T\}$ für beliebiges $T \in \mathbb{N}$, wird ein filtrierter Wahrscheinlichkeitsraum $\mathcal{W} := \left(\Omega, \mathcal{F}, (\mathcal{F}_t)_{t \in \mathcal{T}_0}, \mathbb{W}\right)$ definiert. Dabei sei $\mathcal{F}_0$ vollständig und es gelte $\mathcal{F}_T = \mathcal{F}$. Ferner seien $\mathbb{P}$ und $\mathbb{Q}$ zwei weitere Wahrscheinlichkeitsmaße auf dem messbaren filtrierten Raum $\left(\Omega, \mathcal{F}, (\mathcal{F}_t)_{t \in \mathcal{T}_0}\right)$. Auf diesem Raum ist folgender Finanzmarkt mit reellem Maß $\mathbb{P}$ definiert:

1. $\mathbf{N} := (N_t)_{t \in \mathcal{T}_0}$ bezeichne einen positiven stochastischen Prozess, sodass $\mathbb{Q}$ ein risikoneutrales Maß mit $\mathbf{N}$ als Numéraire bildet.

2. Sei $\left(R_t^A\right)_{t \in \mathcal{T}_0} := \left(R_{1,t}^A, \ldots, R_{l^A,t}^A\right)_{t \in \mathcal{T}_0}$ ein adaptierter Markovscher stochastischer Prozess, der sämtliche Risikofaktoren im Finanzmarkt abbildet (z.B. Ausfall- oder Zinsrisiko).

3. Sei $\left(R_t^L\right)_{t \in \mathcal{T}_0} := \left(R_{1,t}^L, \ldots, R_{l^L,t}^L\right)_{t \in \mathcal{T}_0}$ ein adaptierter Markovscher stochastischer Prozess, unter $\mathbb{P}$ unabhängig von $\left(R_t^A\right)_{t \in \mathcal{T}_0}$, der sämtliche Risikofaktoren der Verbindlichkeiten des Versicherers abbildet (z.B. Sterberaten).

4. $\left(R_t^A\right)_{t \in \mathcal{T}_0}$ und $\left(R_t^L\right)_{t \in \mathcal{T}_0}$ generieren jeweils die Filtrationen $\left(\mathcal{F}_t^A\right)_{t \in \mathcal{T}_0}$ und $\left(\mathcal{F}_t^L\right)_{t \in \mathcal{T}_0}$ auf $(\Omega, \mathcal{F})$ und es gilt $\mathcal{F}_t = \mathcal{F}_t^A \vee \mathcal{F}_t^L$, $\forall t \in \mathcal{T}_0$.

5. Es befinden sich m handelbare Finanzmarktinstrumente auf dem Markt, deren Wertentwicklungen Pfadabhängigkeit aufweisen können. Es existiert ein

---

1 In der gesamten Arbeit kann jede beliebige endliche Zeitachse $\{t_0,\ldots,t_T\}$ gewählt werden. Zur Vereinfachung der Notation verwende ich stellvertretend die natürlichen Zahlen.

$\mathbb{R}^{d^A}$-wertiger $(\mathscr{F}_t^A)$-adaptierter Prozess $\left(D_t^A\right)_{t\in\mathscr{T}}$ und eine Funktion $C_i^A : \mathscr{T} \times \mathbb{R}^{d^A} \to \mathbb{R}$ für jede Anlage $i \in \{1,\dots,m\}$, sodass $C_i^A(t,D_t^A)$ den Cash-Flow der Anlage i zum Zeitpunkt t darstellt. Für $t = T$ entspricht diese Barzahlung dem aktuellen Wert der Anlage.

6. Analog existiert ein $\mathbb{R}^{d^L}$-wertiger $\mathscr{F}^L$-adaptierter Prozess $\left(D_t^L\right)_{t\in\mathscr{T}}$ und eine Funktion $C^L : \mathbb{R}^{d^A} \times \mathbb{R}^{d^L} \to \mathbb{R}$ sodass $C^L(t,D_t^A,D_t^L)$ dem Cash-Flow der Liabilities zum Zeitpunkt t entspricht.

7. Zusätzlich existiert ein Geldmarktkonto (Cash-Account) **B** mit Anfangswert $B_0 = 1$ und stochastischer Rendite $r(t,D_t^A) > -1$ zum Zeitpunkt t. Bezeichne

$$B_t = \prod_{s=0}^{t-1}\left(1 + r\left(s,D_s^A\right)\right)$$

den Geldwert des Geldmarktkontos zur Zeit t.

Das Geldmarktkonto wird als Anlage $i = 0$ bezeichnet, sodass

$$C_0^A\left(t,D_t^A\right) = \begin{cases} 0, & t = 1,\dots,T-1 \\ B_T, & t = T \end{cases}.$$

8. Mit $\mathbf{S}\left(t,D_t^A\right) = \left(S_i\left(t,D_t^A\right)\right)_{i=0,\dots,m}$ wird der Preisprozess der $m+1$ Finanzinstrumente zum Zeitpunkt t bezeichnet.

9. $\mathbf{x} \in \mathbb{R}^{m+1}$ bezeichne das Anlagenportfolio des Versicherungsunternehmens.

Im Fall, dass lediglich Plain Vanilla Optionen auf dem Markt gehandelt werden, ist es hinreichend $\left(D_t^A\right)_{t\in\mathscr{T}} = \left(R^A\right)_{t\in\mathscr{T}}$ zu setzen. Sobald aber pfadabhängige Optionen zugelassen werden, ist auch der Pfad der Risikofaktoren R^A relevant. So ist z.B. eine asiatische Option auf eine Aktie abhängig vom arithmetischen Mittel aller vergangener Aktienkurse. Dieses Mittel kann dann im Prozess D^A gespeichert werden. Man kann sich also D^A als Prozess vorstellen aus dem alle für die gehandelten Finanzinstrumente relevanten Informationen abgelesen werden können.

Analog lässt sich bei den Verbindlichkeiten des Versicherers argumentieren. Cash-Flows hängen hier im Regelfall von der Zuweisungspolitik und der Bilanzierung in der Vergangenheit ab (vgl. Bauer u. a. (2010)). Sowohl der Bilanzverlauf als auch die vergangenen Zuweisungen werden im Prozess D^L zusammengefasst.

Zur Vereinfachung der Notation führe ich folgende Bezeichnungen ein.

$$\tilde{C}_t^L := \frac{C^L\left(t, D_t^A, D_t^L\right)}{N_t},$$

$$\tilde{L} := \sum_{t=1}^{T} \tilde{C}_t^L,$$

$$\tilde{C}_{i,t}^A := \frac{C_i^A\left(t, D_t^A\right)}{N_t},$$

$$\tilde{A}_i := \sum_{t=1}^{T} \tilde{C}_{i,t}^A,$$

$$\tilde{S}_{i,t} := \frac{S_i\left(t, D_t^A\right)}{N_t}$$

bezeichnen jeweils die (aufsummierten) abdiskontierten Cash-Flows der Liabilities und der Anlage $i \in \{0,\ldots,m\}$ sowie den abdiskontierten Preisprozess aller Anlagen. Die Cash-Flows der Finanzinstrumente zur Zeit t und deren Summe werden jeweils in einem Vektor zusammengefasst.

$$\tilde{\mathbf{C}}_t^A := \left(\tilde{C}_{0,t}^A,\ldots,\tilde{C}_{m,t}^A\right)^\top,$$

$$\tilde{\mathbf{A}} := \left(\tilde{A}_0,\ldots,\tilde{A}_m\right)^\top = \sum_{t=1}^{T} \tilde{\mathbf{C}}_t^A,$$

$$\tilde{\mathbf{S}}_t := \left(\tilde{S}_{0,t},\ldots,\tilde{S}_{m,t}\right)^\top.$$

Für die Beziehung zwischen Preisen und Cash-Flows der Anlagen gilt wie üblich (vgl. Daul u. Vidal (2009))

$$\tilde{\mathbf{S}}_t = \mathbb{E}^{\mathbb{Q}}\left(\sum_{s=t}^{T} \tilde{\mathbf{C}}_s^A \,\middle|\, \mathscr{F}_t\right).$$

Insbesondere gilt damit $\tilde{\mathbf{C}}_T^A = \tilde{\mathbf{S}}_T$, sodass der letzte Cash-Flow dem Wert der Anlage entspricht. Die Interpretation ist, dass alle Anlagen zum Endzeitpunkt T verkauft werden. Anlagen werden zum Zeitpunkt t ge- und verkauft *bevor* der Cash-Flow zum Zeitpunkt t stattfindet.

2.2 Problemstellung

Ziel des Versicherers ist es die Verteilung der BOF in einem Jahr, also die Verteilung der Zufallsvariable

$$BOF_1 = \mathbb{E}^{\mathbb{Q}}\left(N_1 \cdot \left(\mathbf{x}^{\top}\tilde{\mathbf{A}} - \tilde{L}\right)\middle|\mathscr{F}_1\right) = N_1 \cdot \mathbb{E}^{\mathbb{Q}}\left(\mathbf{x}^{\top}\tilde{\mathbf{A}} - \tilde{L}\middle|\mathscr{F}_1\right), \qquad (2.1)$$

unter dem reellen Maß $\mathbb{P}$ zu bestimmen. Der Grund ist, dass die Solvency II Richtlinie von Versicherungen verlangt, das $0,5\%$-Quantil (Value-at-Risk) von BOF_1 unter dem reellen Maß zu schätzen. Die Verteilung der Aktiva $N_1 \cdot \mathbb{E}^{\mathbb{Q}}\left(\mathbf{x}^{\top}\tilde{\mathbf{A}}\middle|\mathscr{F}_1\right)$ bei gegebenem Portfolio $\mathbf{x}$ ist entweder vollständig bekannt oder kann durch effiziente numerische Methoden sehr gut angenähert werden. Die Schwierigkeit liegt darin die Verteilung des zukünftigen Wertes der Liabilities $N_1 \cdot \mathbb{E}^{\mathbb{Q}}\left(\tilde{L}\middle|\mathscr{F}_1\right)$ und deren stochastische Abhängigkeit von den Aktiva zu schätzen. In der Praxis gibt es keine Möglichkeit die Verteilung der Liabilities analytisch zu bestimmen. Wie schon in der Einleitung erwähnt, ist der naheliegende Versuch die Verteilung mit der Nested Monte-Carlo Methode zu bestimmen, mit einem zu hohen Rechenaufwand verbunden. Selbst bei einer Simulationsdauer von über 11 Minuten erreichten Bauer u. a. (2010) einen relativen Schätzfehler von über 2%. Im Vergleich dazu erhalten sie bei Anwendung des Least Square Monte-Carlo Verfahrens und einer Berechnungsdauer von 24 Sekunden einen Schätzfehler von weniger als $0,2\%$. In dieser Arbeit widme ich mich dem Ansatz der replizierenden Portfolios. Der Rechenaufwand ist auf Grund der Verwandtschaft ähnlich zum Least Square Monte-Carlo Verfahren (siehe Pelsser u. Schweizer (2016)) und damit deutlich geringer, weil lediglich unverzweigte Simulationspfade benötigt werden. Die Frage ist natürlich inwieweit ein replizierendes Portfolio den bedingten Erwartungswert (2.1) zufriedenstellend approximieren kann.

3 Einführung in die replizierenden Portfolios

In einem vollständigen Markt ohne Transaktionskosten kann jeder Claim durch eine geeignete selbstfinanzierende Handelsstrategie perfekt repliziert werden (vgl. Föllmer u. Schied (2011)). In einem unvollständigen Markt ist dies per Definition nicht möglich. Man kann aber versuchen eine selbstfinanzierende Strategie zu finden deren Auszahlungsprofil der des Claims möglichst nahe kommt. Mithilfe dieser Strategie kann die Wertentwicklung des Claims approximiert und der Claim abgesichert werden. Analog könnte im Rahmen des Risikomanagements in der Lebensversicherung eine Strategie gefunden werden, die ähnliche Cash-Flows produziert, wie die Liabilities. In diesem Kontext ist Zweck der Strategie ein Risikomaß des zukünftigen Werts der Liabilities zu berechnen. Allerdings ist auf Grund von Vertragslaufzeiten von über 40 Jahren die dynamische Replikation von Cash-Flows eine rechenaufwändige und wenig robuste Methode. Laut Pelsser (2003) sind dynamische Strategien über einen solchen Zeitraum wegen der Transaktionskosten teuer und können mit der Zeit zu derart großen Umschichtungen führen, dass der Preis der Anlagen durch diese Umschichtungen beeinflusst wird. Daher bevorzugt er, garantierte Rentenoptionen, wie sie in der Lebensversicherung klassischerweise vorkommen, statisch zu replizieren. Oechslin u. a. (2007) haben als Erste statische Replikation in den direkten Zusammenhang mit der Berechnung des Risikokapitals in der Lebensversicherung gebracht. Ihr primäres Ziel ist dabei die Approximation des Terminal Value der Liabilities mithilfe eines statischen Portfolios. Die Berechnung des Risikokapitals erwähnen sie dabei zunächst nur als mögliche Anwendung.

Um ein geeignetes Replikationsportfolio zu finden, muss klar im Auge behalten werden, dass es schließlich zur Berechnung des Risikokapitals dienen soll. Ausgehend von der Differenz zwischen dem über das Portfolio genäherten und dem tatsächlichen unbekannten Risikokapital, muss untersucht werden wie der Abstand zweier Cash-Flow Profile definiert werden soll. Bei entsprechender Definition besteht die Hoffnung, über Minimierung dieses Abstands eine gute Näherung des Risikokapitals zu erhalten.

Dieses Kapitel ist in drei Abschnitte aufgeteilt. Im ersten Teil erläutere ich, welche Größe Versicherungen tatsächlich quantifizieren wollen. Der zweite Teil zeigt, welches Problem in der Praxis derzeit gelöst wird. Um eine Brücke zwischen der Zielgröße der Versicherer und dem aktuell behandelten Problem in der Praxis zu schlagen, definiere ich im dritten Teil ein allgemeines Replikationsproblem. Dieses enthält das Problem aus Teil zwei als Spezialfall. Die Ergebnisse basieren überwiegend auf den Arbeiten Natolski u. Werner (2014) und Natolski u. Werner (2016a).

3.1 Zielgröße des Versicherers

Wie in Abschnitt 2.2 demonstriert, wollen Versicherungen die Verteilung der BOF in einem Jahr unter dem reellen Maß berechnen. Eine entscheidende Frage in diesem Kontext ist jedoch wie eine gute Annäherung einer Verteilung definiert wird. Diesbezüglich sind zwei Herangehensweisen naheliegend. Eine Möglichkeit ist den Abstand zweier Verteilungen über eine Metrik auf Wahrscheinlichkeitsmaßen zu definieren. Hier steht eine breite Auswahl zur Verfügung, wie die Kolmogorov, Lévy oder Prokhorov Metriken. Einen guten Überblick findet man in Gibbs u. Su (2002). Unabhängig von der Wahl der Metrik, ist die gesamte Verteilungsfunktion entscheidend bei der Beurteilung ob sie gut approximiert wird. Anders kann es sich bei der Definition eines Abstandsbegriffs über Risikomaße verhalten. Der Value-at-Risk und der Average-Value-at-Risk sind Beispiele, in denen nur ein bestimmter Teil der Verteilungsfunktion eine Rolle spielt. Die Frage ist also, ob es reicht nur einen bestimmten Teil der Verteilung anzunähern oder ob eine globale Schätzung von Interesse ist.

Wie bereits bekannt, ist für Solvency II eine Schätzung des Value-at-Risk bereits ausreichend. Zum Zweck der Allgemeinheit sei $\rho_{\mathbb{P}} : \mathscr{X} \mapsto \mathbb{R}$ ein beliebiges Risikomaß[1], wobei $\mathscr{X} \subseteq \mathscr{L}^0(\mathbb{P})$ ein geeigneter noch zu wählender Unterraum ist, der später in Abschnitt 4.1 bestimmt wird.

---

1 Derzeit wird im Zuge der Solvency II Richtlinie der Value-at-Risk zum Signifikanzniveau 99,5% als Risikomaß angesetzt. Dieser ist für alle Verteilungen wohldefiniert.

Die wahre Zielgröße ist $\rho_\mathbb{P}$ angewendet auf die Verteilung der BOF (2.1), also

$$\rho_\mathbb{P}\left(BOF_1\right) = \rho_\mathbb{P}\left(N_1 \cdot \mathbb{E}^\mathbb{Q}\left(\mathbf{x}^\top \tilde{\mathbf{A}} - \tilde{L}\,|\,\mathscr{F}_1\right)\right). \tag{3.1}$$

Allgemein möchte man mit einem Replikationsportfolio $\alpha \in \mathbb{R}^{m+1}$ dementsprechend folgende Differenz minimieren.

$$\left|\rho_\mathbb{P}\left(N_1 \cdot \mathbb{E}^\mathbb{Q}\left(\mathbf{x}^\top \tilde{\mathbf{A}} - \alpha^\top \tilde{\mathbf{A}}\,|\,\mathscr{F}_1\right)\right) - \rho_\mathbb{P}\left(N_1 \cdot \mathbb{E}^\mathbb{Q}\left(\mathbf{x}^\top \tilde{\mathbf{A}} - \tilde{L}\,|\,\mathscr{F}_1\right)\right)\right|.$$

Zur Vereinfachung der Darstellung definiere ich den marktkonsistenten Wert der Liability Cash-Flows (FVL) $\tilde{L}_1 := N_1 \cdot \mathbb{E}^\mathbb{Q}\left(\tilde{L}\,|\,\mathscr{F}_1\right)$ und der Anlagen $\tilde{\mathbf{A}}_1 := N_1 \cdot \mathbb{E}^\mathbb{Q}\left(\tilde{\mathbf{A}}\,|\,\mathscr{F}_1\right)$ in einem Jahr.

Um ein besseres Verständnis für den Zusammenhang zwischen dieser Zielgröße und dem Replikationsproblem zu erlangen, sei nun beispielhaft angenommen, $\rho_\mathbb{P}$ sei ein subadditives Risikomaß. Dann gilt

$$\begin{aligned}
&\rho_\mathbb{P}\left(\mathbf{x}^\top \tilde{\mathbf{A}}_1 - \tilde{L}_1\right) - \rho_\mathbb{P}\left((\mathbf{x}-\alpha)^\top \tilde{\mathbf{A}}_1\right) \\
&= \rho_\mathbb{P}\left((\mathbf{x}-\alpha)^\top \tilde{\mathbf{A}}_1 + \alpha^\top \tilde{\mathbf{A}}_1 - \tilde{L}_1\right) - \rho_\mathbb{P}\left((\mathbf{x}-\alpha)^\top \tilde{\mathbf{A}}_1\right) \\
&\leq \rho_\mathbb{P}\left((\mathbf{x}-\alpha)^\top \tilde{\mathbf{A}}_1\right) + \rho_\mathbb{P}\left(\alpha^\top \tilde{\mathbf{A}}_1 - \tilde{L}_1\right) - \rho_\mathbb{P}\left((\mathbf{x}-\alpha)^\top \tilde{\mathbf{A}}_1\right) \\
&= \rho_\mathbb{P}\left(\alpha^\top \tilde{\mathbf{A}}_1 - \tilde{L}_1\right)
\end{aligned}$$

und analog

$$\begin{aligned}
&\rho_\mathbb{P}\left((\mathbf{x}-\alpha)^\top \tilde{\mathbf{A}}_1\right) - \rho_\mathbb{P}\left(\mathbf{x}^\top \tilde{\mathbf{A}}_1 - \tilde{L}_1\right) \\
&= \rho_\mathbb{P}\left(\mathbf{x}^\top \tilde{\mathbf{A}}_1 - \tilde{L}_1 + \tilde{L}_1 - \alpha^\top \tilde{\mathbf{A}}_1\right) - \rho_\mathbb{P}\left(\mathbf{x}^\top \tilde{\mathbf{A}}_1 - \tilde{L}_1\right) \\
&\leq \rho_\mathbb{P}\left(\mathbf{x}^\top \tilde{\mathbf{A}}_1 - \tilde{L}_1\right) + \rho_\mathbb{P}\left(\tilde{L}_1 - \alpha^\top \tilde{\mathbf{A}}_1\right) - \rho_\mathbb{P}\left(\mathbf{x}^\top \tilde{\mathbf{A}}_1 - \tilde{L}_1\right) \\
&= \rho_\mathbb{P}\left(\tilde{L}_1 - \alpha^\top \tilde{\mathbf{A}}_1\right),
\end{aligned}$$

sodass insgesamt folgt

$$\left| \rho_{\mathbb{P}}\left((\mathbf{x} - \alpha)^\top \tilde{\mathbf{A}}_1 \right) - \rho_{\mathbb{P}}\left(\mathbf{x}^\top \tilde{\mathbf{A}}_1 - \tilde{L}_1 \right) \right|$$

$$\leq \max\left\{ \rho_{\mathbb{P}}\left(\alpha^\top \tilde{\mathbf{A}}_1 - \tilde{L}_1 \right), \rho_{\mathbb{P}}\left(\tilde{L}_1 - \alpha^\top \tilde{\mathbf{A}}_1 \right) \right\}. \tag{3.2}$$

Unter der Annahme, dass $(\mathbf{x} - \alpha)^\top \tilde{\mathbf{A}}_1$ und $\alpha^\top \tilde{\mathbf{A}}_1 - \tilde{L}_1$ oder $\mathbf{x}^\top \tilde{\mathbf{A}}_1 - \tilde{L}_1$ und $\tilde{L}_1 - \alpha^\top \tilde{\mathbf{A}}_1$ komonoton sind, gilt für alle komonoton additiven Risikomaße sogar Gleichheit. Aus dieser Tatsache lässt sich vermuten, dass (3.2) sogar eine scharfe obere Schranke ist. Da Subadditivität eine wünschenswerte Eigenschaft eines Risikomaßes ist, stellt (3.2) die eigentlich zu minimierende Zielgröße dar.

Vorteilhaft an (3.2) ist die Tatsache, dass das Portfolio $\mathbf{x}$ verschwunden ist. Da $\mathbf{x}$ bekannt ist, ist die direkte Approximation des FVL über replizierende Portfolios, wie in der Praxis umgesetzt, intuitiv. Die Schranke (3.2) liefert eine mathematisch begründete Rechtfertigung. Die Approximation der BOF erfolgt damit parallel zur Approximation des FVL, weswegen in der Folge lediglich vom FVL gesprochen wird.

Der Value-at-Risk ist bekanntlich nicht subadditiv, womit (3.2) nicht gilt. In Abschnitt 4.2 wird demonstriert, dass die Replikationstheorie trotzdem auch für den Value-at-Risk erschlossen werden kann. Jedoch sprechen gewisse Aspekte gegen die direkte Minimierung von (3.2). Aus regulatorischer Sicht lässt sich argumentieren, dass die Approximation eines kleinen Teils der Verteilung des FVL unzureichend ist um das allgemeine Verhalten der Liabilities zu erklären. Hinzu kommt, dass bei der Aggregation mehrerer Portfolios (z.B. von Tochterfirmen eines großen Konzerns) ein größerer Teil der FVL Verteilung einbezogen werden muss, während im Asset Liability Management innerhalb des Unternehmens sogar eine gute Annäherung der gesamten Verteilung benötigt wird. In Abschnitt 4.1 führe ich Zielfunktionen ein, die den Abstand einer Zufallsvariable zum FVL mit einer Norm auf $\mathscr{X}$ messen. Bei Minimierung dieser Zielfunktionen wird dann die gesamte Verteilung des FVL angenähert.

3.2 Lösungsansätze in der Praxis

Zwar ist für konvexe Risikomaße (3.2) eine leicht zu minimierende Größe, jedoch ist man in der Praxis, wie oben ausgeführt, an einer allgemeineren Approximation der Verteilung des FVL interessiert. Daher versucht man den FVL in einer zuvor festgelegten Norm zu approximieren. Weder in der Literatur noch in der Praxis gibt es eine einhellige Meinung, welche Norm zu bevorzugen ist. Derzeit werden vorwiegend zwei Debatten geführt. Die Erste bezieht sich auf die Wahl eines normierten Raums $(\mathscr{L}(\mathscr{W}), \|.\|_{\mathbb{W}})$, auf dem alle Zufallsvariablen definiert sein sollen und über dessen Norm der Abstand zwischen zwei Zufallsvariablen gemessen wird. Bis auf Ausnahmen (Beutner u. a. (2013), Pelsser u. Schweizer (2016), Beutner u. a. (2015), Cambou u. Filipovic (2016) und Ha (2016)) wird ohne Erwägung $\mathbb{W} = \mathbb{Q}$ gesetzt. Jedoch ist man sich uneinig welche der Normen $\mathscr{L}^1(\mathbb{Q})$ oder $\mathscr{L}^2(\mathbb{Q})$ zu wählen ist. Die zweite Debatte bezieht sich auf die Frage ob der abdiskontierte Cash-Flow (DCF) der Liabilities in jedem Zeitpunkt separat oder lediglich die aufsummierten abdiskontierten Cash-Flows bzw. der abdiskontierte Terminal Value (DTV) durch das Portfolio möglichst genau abgebildet werden sollte. Ich stelle die Probleme im Folgenden vor.

3.2.1 Das Terminal-Value-Matching

In Oechslin u. a. (2007) wird argumentiert, dass es beim Vergleich zwischen zwei Cash-Flows nur auf deren DTV ankommt. Jeder Geldbetrag kann sofort in den Numéraire angelegt werden und dort gehalten werden bis zum Endzeitpunkt T. Anders gesagt können Cash-Flows rolliert werden. Der auf heute abgezinste Endwert entspricht dann dem DTV des Cash-Flows. Es ist also irrelevant zu welchem Zeitpunkt die Geldbeträge fließen, solange nur deren abgezinste Summe übereinstimmt. Haben zwei Cash-Flows den gleichen DTV, so haben sie wegen des „law of one price" zu jedem Zeitpunkt den gleichen fairen Wert unter Berücksichtigung der vorausgegangenen Zahlungen. Mit einer guten Replikation des DTV der Liability Cash-Flows, sollte auch der faire Wert der Replikation in $t = 1$ wenig abweichen. Mit dieser Begründung empfehlen Oechslin u. a. (2007) das Lösen des

DTV-Problems. Als normierten Raum wählen sie den $\mathscr{L}^2(\mathbb{Q})$ und formulieren damit folgendes Optimierungsproblem.

$$\inf_{\alpha \in \mathbb{R}^{m+1}} \left[\mathbb{E}^{\mathbb{Q}} \left(\left[\tilde{L} - \alpha^\top \tilde{\mathbf{A}} \right]^2 \middle| \mathscr{F}_0 \right) \right]^{\frac{1}{2}}. \tag{QTV}$$

Das analoge Problem im Raum $\mathscr{L}^1(\mathbb{Q})$ taucht in der Literatur überraschenderweise kaum auf. Eine Erwähnung findet man in Seemann (2011). Es wird jedoch in der Praxis verwendet, weil es numerisch effizient zu lösen ist. Es ist gegeben durch

$$\inf_{\alpha \in \mathbb{R}^{m+1}} \mathbb{E}^{\mathbb{Q}} \left(\left| \tilde{L} - \alpha^\top \tilde{\mathbf{A}} \right| \middle| \mathscr{F}_0 \right). \tag{LTV}$$

3.2.2 Das 2-Cash-Flow-Matching

Oechslin u. a. (2007) geben als Alternative zum Terminal-Value-Matching an, dem Zeitpunkt der Zahlungsbeträge Bedeutung zu geben:

$$\inf_{\alpha \in \mathbb{R}^{m+1}} \left[\sum_{t=1}^{T} \mathbb{E}^{\mathbb{Q}} \left(\left[\tilde{C}_t^L - \alpha^\top \tilde{\mathbf{C}}_t^A \right]^2 \middle| \mathscr{F}_0 \right) \right]^{\frac{1}{2}}. \tag{QSCF}$$

Das analoge Problem im Raum $\mathscr{L}^1(\mathbb{Q})$ wurde bisher nach meinem besten Wissen von niemandem formuliert. Der Vollständigkeit halber formuliere ich es hier:

$$\inf_{\alpha \in \mathbb{R}^{m+1}} \left[\sum_{t=1}^{T} \left[\mathbb{E}^{\mathbb{Q}} \left(\left| \tilde{C}_t^L - \alpha^\top \tilde{\mathbf{C}}_t^A \right| \middle| \mathscr{F}_0 \right) \right]^2 \right]^{\frac{1}{2}}. \tag{LSCF}$$

3.2.3 Das 1-Cash-Flow-Matching

In Natolski u. Werner (2014) und Natolski u. Werner (2017b) wird das folgende alternative Cash-Flow-Matching Problem angegeben:

$$\inf_{\alpha \in \mathbb{R}^{m+1}} \sum_{t=1}^{T} \left[\mathbb{E}^{\mathbb{Q}} \left(\left[\tilde{C}_t^L - \alpha^\top \tilde{\mathbf{C}}_t^A \right]^2 \middle| \mathscr{F}_0 \right) \right]^{\frac{1}{2}}. \tag{QACF}$$

Das analoge Problem im Raum $\mathscr{L}^1\,(\mathbb{Q})$ wird beispielsweise in Özkan u. a. (2011), Chen u. Skoglund (2012) und Adelmann u. a. (2016) verwendet.

$$\inf_{\alpha\in\mathbb{R}^{m+1}}\ \sum_{t=1}^{T}\mathbb{E}^{\mathbb{Q}}\left(\left|\tilde{C}_t^L-\alpha^\top\tilde{\mathbf{C}}_t^A\right|\middle|\mathscr{F}_0\right). \tag{LACF}$$

Der Unterschied zwischen dem 1-Cash-Flow-Matching und dem 2-Cash-Flow-Matching, besteht lediglich darin, dass im Letzteren auf dem Raum $\mathbb{R}^T$ implizit die Euklidische Norm festgesetzt wurde, während im Ersteren die Summennorm gewählt worden ist, was die Namensgebung begründet.

Obwohl bekanntlich alle Normen auf dem endlich dimensionalen Raum $\mathbb{R}^T$ äquivalent sind, wird sich noch herausstellen, dass die Lösungen der beiden Probleme QSCF und QACF äußerst unterschiedlich sind.

Bemerkung 3.2.1

Es wird manchmal noch eine weitere Variante in Betracht gezogen. Dabei partitioniert man das Zeitgitter $\mathscr{T}$ in sogenannte Buckets und summiert die Cash-Flows in jedem dieser Buckets. Sei $\mathscr{T}=\{1,\ldots,t_1\}\cup\{t_1,\ldots,t_2\}\cup\ldots\cup\{t_{K-1}+1,\ldots,t_K=T\}$ eine solche Partition und setze $t_0:=0$. Dann sind

$$\tilde{\mathbf{C}}_k^A:=\sum_{t=t_{k-1}+1}^{t_k}\tilde{\mathbf{C}}_t^A,\quad \forall k=1,\ldots,K,$$

$$\tilde{C}_k^L:=\sum_{t=t_{k-1}+1}^{t_k}\tilde{C}_t^L,\quad \forall k=1,\ldots,K$$

die aufsummierten abdiskontierten Cash-Flows in jedem Bucket. Die Zielfunktion wird exakt wie im Cash-Flow-Matching gewählt, wobei statt über alle $t\in\mathscr{T}$ nun über alle $k=1,\ldots,K$ aufsummiert wird.

Dieses Matching Problem wird kurz in Seemann (2011) eingeführt, aber nicht weiter analysiert. Es findet in der Praxis häufig Anwendung. Da es aber aus der mathematischen Perspektive vom Cash-Flow-Matching nicht zu unterscheiden ist, wird es in der Folge nicht behandelt.

Insgesamt werden also sechs Zielfunktionen (mit Ausnahme von LSCF) in der Praxis bevorzugt.

$$f_{QTV}^{Q}(\alpha) := \left[\mathbb{E}^{Q}\left(\left[\tilde{L} - \alpha^{\top}\tilde{\mathbf{A}} \right]^{2} \Big| \mathscr{F}_0 \right) \right]^{\frac{1}{2}},$$

$$f_{LTV}^{Q}(\alpha) := \mathbb{E}^{Q}\left(\left| \tilde{L} - \alpha^{\top}\tilde{\mathbf{A}} \right| \Big| \mathscr{F}_0 \right),$$

$$f_{QSCF}^{Q}(\alpha) := \left[\sum_{t \in \mathscr{T}} \mathbb{E}^{Q}\left(\left[\tilde{C}_t^{L} - \alpha^{\top}\tilde{\mathbf{C}}_t^{A} \right]^{2} \Big| \mathscr{F}_0 \right) \right]^{\frac{1}{2}},$$

$$f_{LSCF}^{Q}(\alpha) := \left[\sum_{t \in \mathscr{T}} \left[\mathbb{E}^{Q}\left(\left| \tilde{C}_t^{L} - \alpha^{\top}\tilde{\mathbf{C}}_t^{A} \right| \Big| \mathscr{F}_0 \right) \right]^{2} \right]^{\frac{1}{2}},$$

$$f_{QACF}^{Q}(\alpha) := \sum_{t \in \mathscr{T}} \left[\mathbb{E}^{Q}\left(\left[\tilde{C}_t^{L} - \alpha^{\top}\tilde{\mathbf{C}}_t^{A} \right]^{2} \Big| \mathscr{F}_0 \right) \right]^{\frac{1}{2}},$$

$$f_{LACF}^{Q}(\alpha) := \sum_{t \in \mathscr{T}} \mathbb{E}^{Q}\left(\left| \tilde{C}_t^{L} - \alpha^{\top}\tilde{\mathbf{C}}_t^{A} \right| \Big| \mathscr{F}_0 \right)$$

Zwei Aspekte dieser Zielfunktionen sind dabei unerwartet. Bedenkt man, dass das Risikomaß $\rho_{\mathbb{P}}$ für die FVL Verteilung unter dem reellen Maß $\mathbb{P}$ berechnet werden soll, ist es überraschend, dass alle Funktionen auch der ersten Periode von $t = 0$ nach $t = 1$ das risikoneutrale Maß zuordnen. Da der heutige faire Wert der Liabilities zweitrangig ist, wäre es naheliegend hier in der ersten Periode das reelle Maß anzusetzen und erst danach das risikoneutrale Maß.

Der Grund ist, dass Versicherungsunternehmen Monte-Carlo Pfade der Cash-Flows üblicherweise mit einem Simulationsprogramm erzeugen, das auf Szenarien basiert, die von einem „Economic Scenario Generator" (ESG) bereitgestellt werden. Laut aktueller Informationen sind diese Generatoren derzeit noch nicht in der Lage, zuerst reelle Szenarien für die erste Periode und risikoneutrale Szenarien für die folgenden Perioden zu erzeugen. In Cambou u. Filipovic (2016) wird argumentiert, dass sich reelle Szenarien durch einen Maßwechsel von $\mathbb{Q}$ nach $\mathbb{P}$ leicht extrahieren lassen. Jedoch sind solche Maßwechsel in den ESG Tools des öfteren nicht verfügbar.

Der zweite Aspekt ist, dass alle Cash-Flows auf $t = 0$ abdiskontiert sind. Betrachtet man die Zielgröße (2.1), würde man den Faktor N_1 in der Zielfunktion erwarten. Nach meinem besten Wissen, gibt es keine plausible Erklärung, warum dieser Faktor nicht auftaucht. Rücksprache mit Aktuaren hat ergeben, dass die meisten Versicherungen die Zinsrate im ersten Jahr als konstant annehmen, da der Numéraire als vorhersehbar vorausgesetzt wird. In dem Fall spielt der konstante Faktor N_1 keine Rolle in der Optimierung. Ein zweites Argument ist, dass die erste Periode nicht als das erste Jahr interpretiert wird, sondern nur einen kleinen Zeitschritt $\varepsilon > 0$ nach einem instantanen Schock (vgl. Abb. 1.6). In dieser kurzen Zeitspanne ändert sich der Numéraire kaum und kann somit approximativ als konstant angenommen werden.

3.3 Definition des Replikationsproblems

Die eben vorgestellten Zielfunktionen lassen sich in einer gesamten Klasse von Zielfunktionen zusammenfassen. In Anbetracht der Kritik an der Wahl des Wahrscheinlichkeitsmaßes $\mathbb{Q}$ in der Optimierung lasse ich das Maß $\mathbb{W}$ frei wählbar.

Definition 3.3.1 (Replikationsproblem)
Bezeichne $\mathscr{L}(\mathscr{W})$ einen Vektorraum reeller Zufallsvariablen auf $\mathscr{W}$. Ferner seien $\|\cdot\|_{\mathbb{W}}$ und $\|\cdot\|_T$ jeweils zugehörige Normen auf $\mathscr{L}(\mathscr{W})$ und $\mathbb{R}^T$. Dann heißen die Optimierungsprobleme

$$\inf_{\alpha \in \mathbb{R}^{m+1}} \left\| \tilde{L} - \alpha^\top \tilde{\mathbf{A}} \right\|_{\mathbb{W}}, \tag{3.3}$$

$$\inf_{\alpha \in \mathbb{R}^{m+1}} \left\| \left(\left\| \tilde{C}_t^L - \alpha^\top \tilde{\mathbf{C}}_t^A \right\|_{\mathbb{W}} \right)_{t \in \mathscr{T}} \right\|_T \tag{3.4}$$

Replikationsprobleme.

*Problem (3.3) wird fortan als **DTV-Problem** für „Discounted Terminal Value" und (3.4) als **DCF-Problem** für „Discounted Cash-Flow" bezeichnet.*

Es ist leicht zu erkennen, dass die Minimierung jeder Zielfunktion aus Kapitel 3.2 ein Replikationsproblem darstellt. Insbesondere erhält man die Zielfunktionen aus allen Kombinationen der Normen $\|\cdot\|_W = \|\cdot\|_{Q,1}, \|\cdot\|_{Q,2}$ und $\|\cdot\|_T = \|\cdot\|_1, \|\cdot\|_2$. Offensichtlich gehören f_{QTV}^Q und f_{LTV}^Q zur Klasse der DTV-Probleme, während $f_{QSCF}^Q, f_{LSCF}^Q, f_{QACF}^Q$ und f_{LACF}^Q der Klasse der DCF-Probleme zugeordnet werden können.

Folgende Freiheitsgrade bleiben in Definition 3.3.1 vorerst noch offen.

- Präzisierung des Raums $\mathscr{L}(\mathscr{W})$ und der Normen $\|\cdot\|_W, \|\cdot\|_T$

- Wahl des Wahrscheinlichkeitsmaßes $\mathbb{W}$

- Wahl des Numéraires $\mathbf{N}$

- Wahl zwischen DTV und DCF

Die Frage, wie man das Replikationsproblem am besten präzisiert, begleitet den Lauf der gesamten Arbeit. Hierbei ist es wichtig im Auge zu behalten, was man mit dem Replikationsportfolio am Ende erreichen möchte. Auf einige dieser Fragen werde ich keine eindeutige Antwort bieten können. Jedoch wird man die Auswirkungen auf das Replikationsportfolio und dessen Eigenschaften besser verstehen.

Zunächst muss jedoch überprüft werden, ob ein Replikationsproblem für die in Abschnitt 2.2 eingeführte Problemstellung überhaupt zielführend sein kann. Es ist also eine Begründung der Replikation nötig. Im Zuge dieser Begründung wird sich bereits eine bestimmte Wahl für $\mathbb{W}$ als vorteilhaft erweisen.

4 Begründung der Replikationstheorie

Wie in der Einleitung bereits erwähnt, haben bereits Beutner u. a. (2013), Pelsser u. Schweizer (2016), Beutner u. a. (2015) und Cambou u. Filipovic (2016) zeitgleich mit Natolski u. Werner (2016a) zum Thema dieses Kapitels beigetragen. Trotzdem sind einige Lücken offen geblieben.

In ihrer Analyse gehen Beutner u. a. (2013), Pelsser u. Schweizer (2016) und Beutner u. a. (2015) stets vom DTV-Problem aus. Das ebenfalls in der Praxis beliebte DCF-Problem wird nicht behandelt. Zudem gilt ihr Augenmerk dem asymptotischen Verhalten der replizierenden Portfolios. Der wesentliche Beitrag der Arbeiten ist die Angabe der Geschwindigkeit mit welcher die Varianz des Fehlers zwischen den Terminal Values und damit auch die Varianz des Fehlers im FVL mit der Anzahl der Replikationsinstrumente und der simulierten Szenarien gegen Null konvergiert. Es werden jedoch keine Fehlerschranken für eine feste Anzahl an Instrumenten hergeleitet. Desweiteren wird nicht geklärt warum es hinreichend ist für das Replikationsproblem, wie in der Praxis üblich, das risikoneutrale Maß $\mathbb{W} = \mathbb{Q}$ zu wählen.

Dagegen leiten Cambou u. Filipovic (2016) Fehlerschranken für den Terminal Value bei fester Anzahl an Replikationsinstrumenten her. Jedoch arbeiten sie in einem zeitstetigen Modell, was auch sie daran hindert das DCF-Problem einzubeziehen. Zudem lassen sie in der Replikation lediglich das reelle und das risikoneutrale Maß zu und kommen zu dem Schluss, dass das risikoneutrale Maß gewählt werden sollte. Andere potentielle Wahrscheinlichkeitsmaße werden in ihrer Arbeit nicht berücksichtigt.

Insgesamt wurde also bereits Einiges für die Begründung der Replikationstheorie geleistet. Jedoch fehlt vorwiegend eine Begründung des DCF-Problems. Dazu bleibt auch die Frage nach der Wahl eines eventuell besser geeigneten Wahrscheinlichkeitsmaßes $\mathbb{W}$.

Im Folgenden werde ich diese offenen Fragen behandeln und somit eine präzisere und mathematisch fundierte Formulierung des Replikationsproblems erarbeiten. Die hier präsentierten Resultate sind im Wesentlichen aus Natolski u. Werner (2016a) entnommen.

4.1 Zielführender Lösungsansatz für kohärente Risikomaße

Wie zuvor erwähnt sind Versicherungen an einer umfassenderen Annäherung der Liabilities interessiert, obwohl die Minimierung von (3.2) für konvexe Risikomaße ein einfach zu lösendes konvexes Optimierungsproblem darstellt. Deswegen minimieren sie einen Abstand zwischen den Cash-Flows der Liabilities und des replizierenden Portfolios mittels der Zielfunktionen (3.3) und (3.4) aus Abschnitt 3.2. Es bleibt also zu klären, wie die Zielfunktionen mit der Hauptzielgröße (3.2) vereinbart werden können.

Um diese Lücke zu füllen, würde man gerne das Risikomaß $\rho_{\mathbb{P}}$ durch eine $\mathscr{L}^p$-Norm mit $1 \leq p \leq \infty$ in folgender Form beschränken:

$$\rho_{\mathbb{P}}(X) \leq \text{const} \cdot \|X\|_{\mathbb{P},p}, \quad \forall X \in \mathscr{L}^p(\mathbb{P}). \tag{4.1}$$

Bemerkung 4.1.1
Tatsächlich gilt für den Average-Value-at-Risk eine solche Ungleichung. Kaina u. Rüschendorf (2009, Theorem 4.1) beweisen, dass der Average-Value-at-Risk zum Signifikanzniveau $\beta \in (0,1)$ die Darstellung

$$AVaR_\beta(X) = \sup_{\mathbb{W} \in \mathscr{Z}_\beta} \mathbb{E}_{\mathbb{W}}(X), \quad \forall X \in \mathscr{L}^1(\mathbb{P}),$$

hat, wobei $\mathscr{Z}_\beta := \left\{ \mathbb{W} : \frac{d\mathbb{W}}{d\mathbb{P}} \leq \frac{1}{\beta} \right\}$ Daher kann folgende Ungleichung für jedes $1 \leq p \leq \infty$, $X \in \mathscr{L}^p(\mathbb{P})$ hergeleitet werden:

$$\left| AVaR_\beta(X) \right| = \left| \sup_{\mathbb{W} \in \mathscr{Z}_\beta} \mathbb{E}_{\mathbb{P}} \left(\frac{d\mathbb{W}}{d\mathbb{P}} \cdot X \right) \right| \leq \frac{1}{\beta} \mathbb{E}_{\mathbb{P}}(|X|) \leq \frac{1}{\beta} \|X\|_{\mathbb{P},p}.$$

Allgemein gilt Satz 4.1.2 (Kaina u. Rüschendorf (2009, Korollar 2.6)).

Satz 4.1.2
Jedes endliche kohärente Risikomaß $\rho : \mathscr{L}^p \mapsto \mathbb{R}$ ist Lipschitz-stetig.

Somit ist (4.1) für alle kohärenten Risikomaße mit möglicherweise unbekannter Konstante erfüllt.

Man nehme nun an es gelte $N_1 \in \mathscr{L}^q\left(\mathbb{P}\right)$ für ein $1 \leq q \leq \infty$. Durch die Hölder-Ungleichung erhält man für beliebiges $X \in \mathscr{L}^p\left(\mathbb{P}\right)$ mit $\frac{1}{p} + \frac{1}{q} = 1$:

$$\left|\rho_{\mathbb{P}}(N_1 \cdot X)\right| \leq \text{const} \cdot \|N_1 X\|_{\mathbb{P},1} \leq \text{const} \cdot \|N_1\|_{\mathbb{P},q} \|X\|_{\mathbb{P},p}. \qquad (4.2)$$

Ist also $\rho_{\mathbb{P}}$ kohärent und endlich und $N_1 \in \mathscr{L}^q\left(\mathbb{P}\right)$, so ist $\rho_{\mathbb{P}}$ auch Lipschitz-stetig bezüglich der $\mathscr{L}^p$-Norm, wobei p dual zu q ist. Wie die Zielfunktionen in Abschnitt 3.2 andeuten, sind in der Praxis die $\mathscr{L}^1$- und $\mathscr{L}^2$-Normen üblich. Daher sollte die Annahme $N_1 \in \mathscr{L}^2\left(\mathbb{P}\right)$ bzw. $N_1 \in \mathscr{L}^\infty\left(\mathbb{P}\right)$ erfüllt sein.

Offensichtlich spielt X die Rolle des Residuums $\mathbb{E}^{\mathbb{Q}}\left(\alpha^\top \tilde{\mathbf{A}} - \tilde{L}\,\middle|\,\mathscr{F}_1\right)$. Um Ungleichung (4.2) als Schranke verwenden zu können, muss folgende minimale Annahme der Integrierbarkeit getroffen werden.

Annahme 1
Es gilt

$$\tilde{\mathbf{S}}_1 = \mathbb{E}^{\mathbb{Q}}\left(\tilde{\mathbf{A}}\,\middle|\,\mathscr{F}_1\right) \in \mathscr{L}^1(\mathbb{P})^{m+1},$$
$$\mathbb{E}^{\mathbb{Q}}\left(\tilde{L}\,\middle|\,\mathscr{F}_1\right) \in \mathscr{L}^1(\mathbb{P}).$$

Annahme 1 wird später in Abschnitt 4.3 eine wichtige Rolle spielen, da sie sich als wichtige Bedingung für den in Satz 4.3.4 formulierten Hauptsatz der Finanzmathematik herausstellen wird.

Offensichtlich möchte man die Schranke (4.2) auch für höhere $\mathscr{L}^p(\mathbb{P})$-Normen verwenden. Eine einfache Möglichkeit ist, die Integrierbarkeitsforderung aus Annahme 1 entsprechend auf $\mathscr{L}^p(\mathbb{P})$ zu erweitern. Das letztlich angestrebte Ziel ist jedoch eine obere Schranke bezüglich der Zielfunktion eines Replikationsproblems wie in Abschnitt 3.2 zu finden. Um diese wiederum wohlzudefinieren, wären weitere Voraussetzungen nötig. Um eine einheitliche und möglichst minimale Voraussetzung der Integrierbarkeit zu finden, lohnt es sich den in Satz 4.3.4 formulierten Hauptsatz der Finanzmathematik vorwegzunehmen. Aus ihm geht hervor, dass Annahme 1 bereits die Existenz eines risikoneutralen Maßes $\mathbb{Q}$ garantiert, sodass $\left.\frac{d\mathbb{P}}{d\mathbb{Q}}\right|_{\mathscr{F}_1} \in \mathscr{L}^\infty(\mathbb{P})$ und $\frac{d\mathbb{Q}}{d\mathbb{P}} \in \mathscr{L}^\infty(\mathbb{P})$ gilt. Proposition 4.1.3 nutzt diese Aussage um sowohl Schranke (4.2) als auch die Zielfunktionen aus Abschnitt 3.2 wohlzudefinieren.

Proposition 4.1.3 (Wohldefiniertheit)
Sei Annahme 1 erfüllt und für festes $1 \leq p < \infty$ gelte $\tilde{\mathbf{C}}_t^A \in \mathscr{L}^p(\mathbb{P})^{m+1}$ und $\tilde{C}_t^L \in \mathscr{L}^p(\mathbb{P})$ für alle $t \in \mathscr{T}$. Dann existiert ein äquivalentes risikoneutrales Maß $\mathbb{Q}$, sodass

$$\mathbb{E}^{\mathbb{Q}}\left(\tilde{\mathbf{A}}\,\middle|\,\mathscr{F}_1\right) \in \mathscr{L}^p(\mathbb{P})^{m+1},$$

$$\mathbb{E}^{\mathbb{Q}}\left(\tilde{L}\,\middle|\,\mathscr{F}_1\right) \in \mathscr{L}^p(\mathbb{P})$$

und $\tilde{\mathbf{C}}_t^A \in \mathscr{L}^p(\mathbb{Q})^{m+1}$ und $\tilde{C}_t^L \in \mathscr{L}^p(\mathbb{Q})$ für alle $t \in \mathscr{T}$.

Insbesondere sind für $p = 1$ und $p = 2$ jeweils die Zielfunktionen $f_{LTV}^{\mathbb{Q}}$, $f_{LSCF}^{\mathbb{Q}}$, $f_{LACF}^{\mathbb{Q}}$ und $f_{QTV}^{\mathbb{Q}}$, $f_{QSCF}^{\mathbb{Q}}$, $f_{QACF}^{\mathbb{Q}}$ wohldefiniert.

Beweis. Nach Satz 4.3.4 existiert ein risikoneutrales Maß $\mathbb{Q}$, sodass $\left.\frac{d\mathbb{P}}{d\mathbb{Q}}\right|_{\mathscr{F}_1} \in \mathscr{L}^\infty(\mathbb{P})$ und $\frac{d\mathbb{Q}}{d\mathbb{P}} \in \mathscr{L}^\infty(\mathbb{P})$.

Für jedes $Y \in \mathscr{L}^p(\mathbb{P})$ gilt dann

$$
\begin{aligned}
\left\| \mathbb{E}^{\mathbb{Q}}\left(Y \middle| \mathscr{F}_1\right) \right\|_{\mathbb{P},p} &= \left\| \mathbb{E}^{\mathbb{P}}\left(\left.\frac{d\mathbb{P}}{d\mathbb{Q}}\right|_{\mathscr{F}_1} \cdot Y \middle| \mathscr{F}_1 \right) \right\|_{\mathbb{P},p} \\
&\leq \left\| \left.\frac{d\mathbb{P}}{d\mathbb{Q}}\right|_{\mathscr{F}_1} \right\|_{\mathbb{P},\infty} \cdot \left\| \mathbb{E}^{\mathbb{P}}\left(Y \middle| \mathscr{F}_1\right) \right\|_{\mathbb{P},p} \\
&\overset{\text{Jensen}}{\leq} \left\| \left.\frac{d\mathbb{P}}{d\mathbb{Q}}\right|_{\mathscr{F}_1} \right\|_{\mathbb{P},\infty} \cdot \|Y\|_{\mathbb{P},p} \\
&< \infty
\end{aligned}
$$

Auf Grund des beschränkten Maßwechsels $\frac{d\mathbb{Q}}{d\mathbb{P}} \in \mathscr{L}^\infty(\mathbb{P})$ gilt auch $\tilde{\mathbf{C}}_t^A \in \mathscr{L}^p(\mathbb{Q})^{m+1}$ und $\tilde{C}_t^L \in \mathscr{L}^p(\mathbb{Q})$ für alle $t \in \mathscr{T}$, woraus die zweite Aussage direkt folgt. $\qquad\square$

Tatsächlich sind die Annahmen von Proposition 4.1.3 hinreichend um alle in dieser Arbeit eingeführten Zielfunktionen wohlzudefinieren. Dementsprechend wird von nun an mit $\mathbb{Q}$ implizit ein risikoneutrales Maß wie in Satz 4.3.4 bezeichnet. An entsprechender Stelle werde ich darauf wiederholt hinweisen.

Betrachtet man nun Schranke (4.2) mit den typischen Parametern $p = 2$ bzw. $p = 1$, so sind die neuen Zielfunktionen

$$
\begin{aligned}
f_{QTV}^{\mathbb{P},\mathbb{Q}}(\alpha) &:= \left[\mathbb{E}^{\mathbb{P}}\left(\left[\mathbb{E}^{\mathbb{Q}}\left(\tilde{L} \middle| \mathscr{F}_1\right) - \mathbb{E}^{\mathbb{Q}}\left(\alpha^\top \tilde{\mathbf{A}} \middle| \mathscr{F}_1\right) \right]^2 \middle| \mathscr{F}_0 \right) \right]^{\frac{1}{2}} \qquad (4.3) \\
&= \left\| \mathbb{E}^{\mathbb{Q}}\left(\tilde{L} \middle| \mathscr{F}_1\right) - \mathbb{E}^{\mathbb{Q}}\left(\alpha^\top \tilde{\mathbf{A}} \middle| \mathscr{F}_1\right) \right\|_{\mathbb{P},2}, \\
&= \left\| \mathbb{E}^{\mathbb{Q}}\left(\tilde{L} - \alpha^\top \tilde{\mathbf{A}} \middle| \mathscr{F}_1\right) \right\|_{\mathbb{P},2},
\end{aligned}
$$

$$f_{LTV}^{\mathbb{P},\mathbb{Q}}(\alpha) := \mathbb{E}^{\mathbb{P}}\left(\left\|\mathbb{E}^{\mathbb{Q}}\left(\tilde{L}\,\middle|\,\mathscr{F}_1\right) - \mathbb{E}^{\mathbb{Q}}\left(\alpha^\top \tilde{\mathbf{A}}\,\middle|\,\mathscr{F}_1\right)\right\|\,\middle|\,\mathscr{F}_0\right) \tag{4.4}$$

$$= \left\|\mathbb{E}^{\mathbb{Q}}\left(\mathbb{E}^{\mathbb{Q}}\left(\tilde{L}\,\middle|\,\mathscr{F}_1\right) - \alpha^\top \tilde{\mathbf{A}}\,\middle|\,\mathscr{F}_1\right)\right\|_{\mathbb{P},1},$$

$$= \left\|\mathbb{E}^{\mathbb{Q}}\left(\tilde{L} - \alpha^\top \tilde{\mathbf{A}}\,\middle|\,\mathscr{F}_1\right)\right\|_{\mathbb{P},1}.$$

nach Proposition 4.1.3 wohldefiniert[1] und durch nachfolgende Proposition 4.1.4 motiviert. Die Proposition schlägt die Brücke zwischen der umfassenden Approximation der Verteilung der Liabilities und einer guten Schätzung der Zielgröße.

Proposition 4.1.4

Ist $\rho_{\mathbb{P}}$ kohärent und endlich, so gilt

$$\left|\rho_{\mathbb{P}}\left(BOF_1\right) - \rho_{\mathbb{P}}\left(N_1 \cdot \mathbb{E}^{\mathbb{Q}}\left(\mathbf{x}^\top \tilde{\mathbf{A}} - \alpha^\top \tilde{\mathbf{A}}\,\middle|\,\mathscr{F}_1\right)\right)\right|$$

$$\le const \cdot \|N_1\|_{\mathbb{P},q} \left\|\mathbb{E}^{\mathbb{Q}}\left(\tilde{L} - \alpha^\top \tilde{\mathbf{A}}\,\middle|\,\mathscr{F}_1\right)\right\|_{\mathbb{P},p}$$

$$= const \cdot \begin{cases} \|N_1\|_{\mathbb{P},2}\, f_{QTV}^{\mathbb{P},\mathbb{Q}}(\alpha), & \text{für } q = p = 2, \\ \|N_1\|_{\mathbb{P},\infty}\, f_{LTV}^{\mathbb{P},\mathbb{Q}}(\alpha), & \text{für } q = \infty, p = 1. \end{cases}$$

Beweis. Aus (3.2) und Satz 4.1.2 folgt

$$\left|\rho_{\mathbb{P}}\left(BOF_1\right) - \rho_{\mathbb{P}}\left(N_1 \cdot \mathbb{E}^{\mathbb{Q}}\left(\mathbf{x}^\top \tilde{\mathbf{A}} - \alpha^\top \tilde{\mathbf{A}}\,\middle|\,\mathscr{F}_1\right)\right)\right|$$

$$= \left|\rho_{\mathbb{P}}\left(N_1 \cdot \mathbb{E}^{\mathbb{Q}}\left(\mathbf{x}^\top \tilde{\mathbf{A}} - \tilde{L}\,\middle|\,\mathscr{F}_1\right)\right) - \rho_{\mathbb{P}}\left(N_1 \cdot \mathbb{E}^{\mathbb{Q}}\left(\mathbf{x}^\top \tilde{\mathbf{A}} - \alpha^\top \tilde{\mathbf{A}}\,\middle|\,\mathscr{F}_1\right)\right)\right|$$

$$\le \max\left\{\rho_{\mathbb{P}}\left(\alpha^\top \tilde{\mathbf{A}}_1 - \tilde{L}_1\right), \rho_{\mathbb{P}}\left(\tilde{L}_1 - \alpha^\top \tilde{\mathbf{A}}_1\right)\right\}$$

$$\le const \cdot \left\|N_1 \cdot \mathbb{E}^{\mathbb{Q}}\left(\tilde{L} - \alpha^\top \tilde{\mathbf{A}}\,\middle|\,\mathscr{F}_1\right)\right\|_{\mathbb{P},p}.$$

Somit ist die erste Ungleichung Konsequenz der Hölder Ungleichung.

Die Gleichung entsteht daraufhin durch direktes Einsetzen der Definitionen von $f_{QTV}^{\mathbb{P},\mathbb{Q}}$ und $f_{LTV}^{\mathbb{P},\mathbb{Q}}$. $\qquad\square$

---

1 Für $f_{QTV}^{\mathbb{P},\mathbb{Q}}$ setze ich entsprechend Proposition 4.1.3 zusätzlich $\tilde{\mathbf{C}}_t^A \in \mathscr{L}^2(\mathbb{P})^{m+1}$ für alle $t \in \mathscr{T}$ und $\tilde{L} \in \mathscr{L}^2(\mathbb{P})$ voraus.

Bemerkung 4.1.5

Ist der Numéraire vorhersehbar, so ist N_1 konstant, also insbesondere $N_1 \in \mathscr{L}^\infty\,(\mathbb{P})$ und es kann die $\mathscr{L}^1\,(\mathbb{P})$-Norm $f_{LTV}^{\mathbb{P},\mathbb{Q}}$ für die Optimierung gewählt werden. Folgt dagegen die Zinsrate einem Hull-White oder CIR Modell, das in diskreten Zeitpunkten beobachtet wird, müssen quadratische Fehler minimiert werden wie in $f_{QTV}^{\mathbb{P},\mathbb{Q}}$. Auf Grund der Ungleichung $f_{LTV}^{\mathbb{P},\mathbb{Q}}(\alpha) \leq f_{QTV}^{\mathbb{P},\mathbb{Q}}(\alpha)$ für jedes $\alpha \in \mathbb{R}^{m+1}$ liefert $f_{LTV}^{\mathbb{P},\mathbb{Q}}$ allerdings schärfere Schranken.

Bemerkung 4.1.6

Ist $\rho_\mathbb{P}$ der Average-Value-at-Risk auf gegebenem Signifikanzniveau $\beta > 0$, liefert Proposition 4.1.4

$$\left| \rho_\mathbb{P}\left(BOF_1\right) - \rho_\mathbb{P}\left(N_1 \cdot \mathbb{E}^\mathbb{Q}\left(\mathbf{x}^\top \tilde{\mathbf{A}} - \alpha^\top \tilde{\mathbf{A}} \,\middle|\, \mathscr{F}_1\right)\right) \right|$$

$$\leq \begin{cases} \frac{1}{\beta}\, \|N_1\|_{\mathbb{P},2}\, f_{QTV}^{\mathbb{P},\mathbb{Q}}(\alpha), & \text{falls } N_1 \in \mathscr{L}^2\,(\mathbb{P}), \\ \frac{1}{\beta}\, \|N_1\|_{\mathbb{P},\infty}\, f_{LTV}^{\mathbb{P},\mathbb{Q}}(\alpha), & \text{falls } N_1 \in \mathscr{L}^\infty\,(\mathbb{P}). \end{cases}$$

Bemerkung 4.1.7

*Proposition 4.1.4 kann leicht von kohärenten auf endliche konvexe Risikomaße erweitert werden, wenn der Fehler in der entsprechenden $\mathscr{L}^p\,(\mathbb{P})$-Norm hinreichend klein ist, da lediglich die **lokale** Lipschitz-Stetigkeit des Risikomaßes benötigt wird.*

Daher sind die beiden Zielfunktionen $f_{QTV}^{\mathbb{P},\mathbb{Q}}$ und $f_{LTV}^{\mathbb{P},\mathbb{Q}}$ naheliegende Kandidaten für die Optimierung, um die Verteilung der Liabilities anzunähern. Jedoch stellen diese beiden Zielfunktionen noch kein Replikationsproblem nach Definition 3.3.1 dar. Tatsächlich braucht man für deren Minimierung Szenarien der Zufallsgröße $\mathbb{E}^\mathbb{Q}\left(\tilde{L}\,\middle|\,\mathscr{F}_1\right)$. Das wäre allerdings gleichbedeutend mit der Erzeugung von Szenarien der BOF in einem Jahr. Gerade auf Grund der zeitaufwendigen Erzeugung solcher Szenarien wurden die replizierenden Portfolios erst eingeführt.

Nichtsdestotrotz ist die Einführung der Zielfunktionen $f_{QTV}^{\mathbb{P},\mathbb{Q}}$ und $f_{LTV}^{\mathbb{P},\mathbb{Q}}$ sehr nützlich. Definiert man das Wahrscheinlichkeitsmaß $\mathbb{O}$ durch

$$\mathbb{O}(A) := \mathbb{E}^{\mathbb{P}}\left(\mathbb{E}^{\mathbb{Q}}\left(\mathbf{1}_A \big| \mathscr{F}_1\right)\right), \quad \forall A \in \mathscr{F}, \tag{4.5}$$

so entspricht dies exakt der Zuordnung des reellen Wahrscheinlichkeitsmaßes $\mathbb{P}$ auf alle Szenarien bis $t = 1$ und des risikoneutralen Maßes $\mathbb{Q}$ ab $t = 1$.

Bemerkung 4.1.8

Ha (2016) definiert das Maß $\mathbb{O}$ (in seiner Arbeit notiert mit $\tilde{\mathbb{P}}$) äquivalent durch den Maßwechsel

$$\frac{d\mathbb{O}}{d\mathbb{P}} := \frac{\frac{d\mathbb{Q}}{d\mathbb{P}}}{\mathbb{E}^{\mathbb{P}}\left(\frac{d\mathbb{Q}}{d\mathbb{P}}\big| \mathscr{F}_1\right)}$$

Setzt man $\mathbb{W} = \mathbb{O}$ und wählt die Normen $\mathscr{L}^1(\mathbb{O})$ und $\mathscr{L}^2(\mathbb{O})$, sowie die Summennorm $\|.\|_1$ und die Euklidische Norm $\|.\|_2$ auf $\mathbb{R}^T$ im DTV-Problem bzw. DCF-Problem, so erhält man analog zu den Zielfunktionen in Abschnitt 3.2

$$f_{QTV}^{\mathbb{O}}(\alpha) := \left[\mathbb{E}^{\mathbb{P}}\left(\mathbb{E}^{\mathbb{Q}}\left(\left[\tilde{L} - \alpha^{\top}\tilde{\mathbf{A}}\right]^2 \Big| \mathscr{F}_1\right) \Big| \mathscr{F}_0\right)\right]^{\frac{1}{2}}$$

$$= \left\|\tilde{L} - \alpha^{\top}\tilde{\mathbf{A}}\right\|_{\mathbb{O},2},$$

$$f_{LTV}^{\mathbb{O}}(\alpha) := \mathbb{E}^{\mathbb{P}}\left(\mathbb{E}^{\mathbb{Q}}\left(\left|\tilde{L} - \alpha^{\top}\tilde{\mathbf{A}}\right| \Big| \mathscr{F}_1\right) \Big| \mathscr{F}_0\right)$$

$$= \left\|\tilde{L} - \alpha^{\top}\tilde{\mathbf{A}}\right\|_{\mathbb{O},1},$$

$$f_{QSCF}^{\mathbb{O}}(\alpha) := \left[\sum_{t \in \mathscr{T}} \mathbb{E}^{\mathbb{P}}\left(\mathbb{E}^{\mathbb{Q}}\left(\left[\tilde{C}_t^L - \alpha^{\top}\tilde{\mathbf{C}}_t^A\right]^2 \Big| \mathscr{F}_1\right) \Big| \mathscr{F}_0\right)\right]^{\frac{1}{2}}$$

$$= \left[\sum_{t \in \mathscr{T}} \left\|\tilde{C}_t^L - \alpha^{\top}\tilde{\mathbf{C}}_t^A\right\|_{\mathbb{O},2}^2\right]^{\frac{1}{2}},$$

$$f_{LSCF}^{\mathbb{O}}(\alpha) := \left[\sum_{t \in \mathcal{T}} \left[\mathbb{E}^{\mathbb{P}} \left(\mathbb{E}^{\mathbb{Q}} \left(\left| \tilde{C}_t^L - \alpha^\top \tilde{\mathbf{C}}_t^A \right| \Big| \mathscr{F}_1 \right) \Big| \mathscr{F}_0 \right) \right]^2 \right]^{\frac{1}{2}}$$

$$= \left[\sum_{t \in \mathcal{T}} \left\| \tilde{C}_t^L - \alpha^\top \tilde{\mathbf{C}}_t^A \right\|_{\mathbb{O},1}^2 \right]^{\frac{1}{2}},$$

$$f_{QACF}^{\mathbb{O}}(\alpha) := \sum_{t \in \mathcal{T}} \left[\mathbb{E}^{\mathbb{P}} \left(\mathbb{E}^{\mathbb{Q}} \left(\left[\tilde{C}_t^L - \alpha^\top \tilde{\mathbf{C}}_t^A \right]^2 \Big| \mathscr{F}_1 \right) \Big| \mathscr{F}_0 \right) \right]^{\frac{1}{2}}$$

$$= \sum_{t \in \mathcal{T}} \left\| \tilde{C}_t^L - \alpha^\top \tilde{\mathbf{C}}_t^A \right\|_{\mathbb{O},2},$$

$$f_{LACF}^{\mathbb{O}}(\alpha) := \sum_{t \in \mathcal{T}} \mathbb{E}^{\mathbb{P}} \left(\mathbb{E}^{\mathbb{Q}} \left(\left| \tilde{C}_t^L - \alpha^\top \tilde{\mathbf{C}}_t^A \right| \Big| \mathscr{F}_1 \right) \Big| \mathscr{F}_0 \right)$$

$$= \sum_{t \in \mathcal{T}} \left\| \tilde{C}_t^L - \alpha^\top \tilde{\mathbf{C}}_t^A \right\|_{\mathbb{O},1}.$$

Per Definition erzeugen alle sechs Zielfunktionen $f_{QTV}^{\mathbb{O}}$, $f_{LTV}^{\mathbb{O}}$, $f_{QSCF}^{\mathbb{O}}$, $f_{LSCF}^{\mathbb{O}}$, $f_{QACF}^{\mathbb{O}}$ und $f_{LACF}^{\mathbb{O}}$ Replikationsprobleme. Ihre Wohldefiniertheit kann unter denselben Voraussetzungen garantiert werden, wie im Fall der analogen Zielfunktionen unter dem Maß $\mathbb{Q}$ aus Abschnitt 3.2 (vgl. Proposition 4.1.3).

Proposition 4.1.9

Sei Annahme 1 erfüllt und für festes $1 \leq p < \infty$ gelte $\tilde{\mathbf{C}}_t^A \in \mathscr{L}^p(\mathbb{P})^{m+1}$ und $\tilde{C}_t^L \in \mathscr{L}^p(\mathbb{P})$ für alle $t \in \mathcal{T}$. Dann gilt auch $\tilde{\mathbf{C}}_t^A \in \mathscr{L}^p(\mathbb{O})^{m+1}$ und $\tilde{C}_t^L \in \mathscr{L}^p(\mathbb{O})$ für alle $t \in \mathcal{T}$.

Insbesondere sind für $p = 1$ und $p = 2$ jeweils die Zielfunktionen $f_{LTV}^{\mathbb{O}}$, $f_{LSCF}^{\mathbb{O}}$, $f_{LACF}^{\mathbb{O}}$ und $f_{QTV}^{\mathbb{O}}$, $f_{QSCF}^{\mathbb{O}}$, $f_{QACF}^{\mathbb{O}}$ wohldefiniert.

Beweis. Nach Satz 4.3.4 ist $\frac{d\mathbb{P}}{d\mathbb{Q}}\Big|_{\mathscr{F}_1} \in \mathscr{L}^\infty(\mathbb{P})$ und $\frac{d\mathbb{Q}}{d\mathbb{P}} \in \mathscr{L}^\infty(\mathbb{P})$. Für jedes $Y \in \mathscr{L}^p(\mathbb{P})$ gilt also nach Formel von Bayes (Musiela u. Rutkowski (2005, Lemma A.1.4)):

$$\|Y\|_{\mathbb{O},p} = \mathbb{E}^{\mathbb{P}}\left(\mathbb{E}^{\mathbb{Q}}\left(|Y|^p \Big| \mathscr{F}_1\right)\right)^{\frac{1}{p}}$$

$$\overset{\text{Bayes}}{=} \mathbb{E}^{\mathbb{P}}\left(\mathbb{E}^{\mathbb{P}}\left(\frac{d\mathbb{Q}}{d\mathbb{P}} \cdot \frac{d\mathbb{P}}{d\mathbb{Q}}\Big|_{\mathscr{F}_1} \cdot |Y|^p \Big| \mathscr{F}_1\right)\right)^{\frac{1}{p}}$$

$$\leq \left\|\frac{d\mathbb{Q}}{d\mathbb{P}} \cdot \frac{d\mathbb{P}}{d\mathbb{Q}}\Big|_{\mathscr{F}_1}\right\|_{\mathbb{P},\infty}^{\frac{1}{p}} \cdot \|Y\|_{\mathbb{P},p}$$

$$< \infty.$$

$\square$

Für $f_{QTV}^{\mathbb{O}}$, $f_{QSCF}^{\mathbb{O}}$, $f_{QACF}^{\mathbb{O}}$ und $f_{LTV}^{\mathbb{O}}$, $f_{LSCF}^{\mathbb{O}}$, $f_{LACF}^{\mathbb{O}}$ muss also jeweils für $p = 2$ und $p = 1$ zusätzlich die Annahme $\tilde{\mathbf{C}}_t^A \in \mathscr{L}^p(\mathbb{P})^{m+1}$, $\tilde{C}_t^L \in \mathscr{L}^p(\mathbb{P})$ für alle $t \in \mathscr{T}$ gemacht werden.

Die nächste Proposition zeigt, dass jede Zielfunktion auch eine obere Schranke für (3.2) darstellt. Damit sind es diese Funktionen, die Versicherungen tatsächlich in der Optimierung verwenden sollten.

Proposition 4.1.10

Für alle $\alpha \in \mathbb{R}^{m+1}$ gelten die folgenden Ungleichungsketten

$$f_{QTV}^{\mathbb{P},\mathbb{Q}}(\alpha) \leq f_{QTV}^{\mathbb{O}}(\alpha) \leq f_{QACF}^{\mathbb{O}}(\alpha) \leq \sqrt{T} \cdot f_{QSCF}^{\mathbb{O}}(\alpha),$$

$$f_{LTV}^{\mathbb{P},\mathbb{Q}}(\alpha) \leq f_{LTV}^{\mathbb{O}}(\alpha) \leq f_{LACF}^{\mathbb{O}}(\alpha) \leq \sqrt{T} \cdot f_{LSCF}^{\mathbb{O}}(\alpha).$$

Tatsächlich gilt noch eine Reihe weiterer Ungleichungen zwischen den Zielfunktionen, die das Bild über relative Größenordnungen erweitern. Diese werden später in Propositionen 5.3.3 und 5.3.4 für beliebige Wahrscheinlichkeitsmaße hergeleitet. Proposition 4.1.10 dient zunächst nur der Herstellung einer Verbindung zwischen (3.2) und den eben eingeführten Zielfunktionen.

Beweis. Anwendung der Jensen-Ungleichung ergibt für alle $\alpha \in \mathbb{R}^{m+1}$

$$f_{QTV}^{\mathbb{P},\mathbb{Q}}(\alpha) = \left[\mathbb{E}^{\mathbb{P}} \left(\left[\mathbb{E}^{\mathbb{Q}} \left(\tilde{L} - \alpha^{\top} \tilde{\mathbf{A}} \middle| \mathscr{F}_1 \right) \right]^2 \middle| \mathscr{F}_0 \right) \right]^{\frac{1}{2}}$$

$$\leq \left[\mathbb{E}^{\mathbb{P}} \left(\mathbb{E}^{\mathbb{Q}} \left(\left(\tilde{L} - \alpha^{\top} \tilde{\mathbf{A}} \right)^2 \middle| \mathscr{F}_1 \right) \middle| \mathscr{F}_0 \right) \right]^{\frac{1}{2}}$$

$$= f_{QTV}^{\mathbb{O}}(\alpha)$$

und analog

$$f_{LTV}^{\mathbb{P},\mathbb{Q}}(\alpha) \leq f_{LTV}^{\mathbb{O}}(\alpha).$$

Aus der Minkowski Ungleichung folgt

$$f_{QTV}^{\mathbb{O}} = \left\| \tilde{L} - \alpha^{\top} \tilde{\mathbf{A}} \right\|_{\mathbb{O},2}$$

$$= \left\| \sum_{t \in \mathscr{T}} \tilde{C}_t^L - \alpha^{\top} \tilde{\mathbf{C}}_t^A \right\|_{\mathbb{O},2}$$

$$\leq \sum_{t \in \mathscr{T}} \left\| \tilde{C}_t^L - \alpha^{\top} \tilde{\mathbf{C}}_t^A \right\|_{\mathbb{O},2}$$

$$= f_{QACF}^{\mathbb{O}}(\alpha)$$

und analog

$$f_{LTV}^{\mathbb{O}}(\alpha) \leq f_{LACF}^{\mathbb{O}}(\alpha).$$

Schließlich liefert die Cauchy-Schwartz Ungleichung

$$f_{QACF}^{\mathbb{O}}(\alpha) = \sum_{t \in \mathscr{T}} \left\| \tilde{C}_t^L - \alpha^{\top} \tilde{\mathbf{C}}_t^A \right\|_{\mathbb{O},2}$$

$$\leq \left[\sum_{t \in \mathscr{T}} 1^2 \right]^{\frac{1}{2}} \cdot \left[\sum_{t \in \mathscr{T}} \left\| \tilde{C}_t^L - \alpha^{\top} \tilde{\mathbf{C}}_t^A \right\|_{\mathbb{O},2}^2 \right]^{\frac{1}{2}}$$

$$= \sqrt{T} \cdot f_{QSCF}^{\mathbb{O}}(\alpha)$$

und analog

$$f_{LACF}^{\mathbb{O}}(\alpha) \leq \sqrt{T} \cdot f_{LSCF}^{\mathbb{O}}(\alpha).$$

Damit ist die Ungleichungskette vollständig. $\qquad\square$

4.2 Der Fall Value-at-Risk

Der Spezialfall des Value-at-Risk, welcher durch die Solvency II Richtlinie als Risikomaß vorgegeben ist, erweist sich als etwas komplizierter. Offenbar kann man das Vorgehen für kohärente Risikomaße nicht wiederverwenden, da der Value-at-Risk bekanntermaßen nicht subadditiv ist. Um das Replikationsproblem in diesem Kontext zu begründen muss von vorne begonnen werden.

Einen guten Anfang macht hier Lemma 4.2.1. Es ist durch Satz 7 in Henrion u. Outrata (2005) inspiriert, welches ein ähnliches Ergebnis in der Kolmogorov Metrik statt der Prokhorov Metrik beweist.

Lemma 4.2.1
Sei $\beta \in (0,1)$ und X beliebige Zufallsvariable mit Verteilungsfunktion F_X, die an der Stelle $VaR_\beta(X)$ differenzierbar ist mit

$$F'\left(VaR_\beta(X)\right) > \gamma \tag{4.6}$$

für ein $\gamma > 0$.

Dann existiert eine Konstante $\delta > 0$, sodass $\forall Y$ mit $d_P(X,Y) < \delta$ gilt

$$\left| VaR_\beta(X) - VaR_\beta(Y) \right| \leq \left(1 + \frac{1}{\gamma}\right) \cdot d_P(X,Y),$$

wobei d_P die Prokhorov Metrik bezeichnet (siehe z.B. Huber (2004)).

Dieses Ergebnis ist nützlich um eine Art Lipschitz Schranke für den Value-at-Risk herzuleiten. Da die zukünftigen Basic Own Funds BOF_1 (definiert in 2.1) einer festen Zufallsvariable entsprechen, kann BOF_1 die Rolle von X in Lemma 4.2.1 einnehmen. Es bleibt dann noch den Prokhorov Abstand zwischen BOF_1 und einer beliebigen Zufallsvariable Y in einer ε-Umgebung von BOF_1 im $\mathscr{L}^1$ Sinne zu beschränken.

Beweis. Offensichtlich ist F_X an der Stelle $\mathrm{VaR}_\beta(X)$ stetig und streng monoton steigend ist. Daher gilt

$$F_X\left(\mathrm{VaR}_\beta(X)\right) = \beta.$$

Weiter folgt aus (4.6), dass es eine Konstante $\eta > 0$ gibt, sodass $\forall \varepsilon \in (0, \eta)$

$$F_X\left(\mathrm{VaR}_\beta(X)\right) - F_X\left(\mathrm{VaR}_\beta(X) - \varepsilon\right) \geq \gamma \cdot \varepsilon, \tag{4.7}$$

$$F_X\left(\mathrm{VaR}_\beta(X) + \varepsilon\right) - F_X\left(\mathrm{VaR}_\beta(X)\right) \geq \gamma \cdot \varepsilon. \tag{4.8}$$

Sei $d_P(X, Y) = \varepsilon < \delta := \gamma \cdot \eta$. Dann gilt

$$\mathbb{P}\left(Y \leq \mathrm{VaR}_\beta(X) - \left(1 + \frac{1}{\gamma}\right)\varepsilon\right) \overset{d_P = \varepsilon}{\leq} \mathbb{P}\left(X \leq \mathrm{VaR}_\beta(X) - \frac{1}{\gamma}\varepsilon\right) + \varepsilon$$

$$= F_X\left(\mathrm{VaR}_\beta(X) - \frac{\varepsilon}{\gamma}\right) + \varepsilon$$

$$\overset{(4.7)}{\leq} F_X\left(\mathrm{VaR}_\beta(X)\right) - \varepsilon + \varepsilon$$

$$= \beta$$

und analog

$$\mathbb{P}\left(Y \leq \mathrm{VaR}_\beta(X) + \left(1 + \frac{1}{\gamma}\right)\varepsilon\right) \overset{d_P = \varepsilon}{\geq} \mathbb{P}\left(X \leq \mathrm{VaR}_\beta(X) + \frac{1}{\gamma}\varepsilon\right) - \varepsilon$$

$$= F_X\left(\mathrm{VaR}_\beta(X) + \frac{\varepsilon}{\gamma}\right) - \varepsilon$$

$$\overset{(4.8)}{\geq} F_X\left(\mathrm{VaR}_\beta(X)\right) + \varepsilon - \varepsilon$$
$$= \beta.$$

Somit erhält man

$$\mathrm{VaR}_\beta(X) - \left(1 + \frac{1}{\gamma}\right)\varepsilon \leq \mathrm{VaR}_\beta(Y) \leq \mathrm{VaR}_\beta(X) + \left(1 + \frac{1}{\gamma}\right)\varepsilon$$

bzw.

$$\left|\mathrm{VaR}_\beta(X) - \mathrm{VaR}_\beta(Y)\right| \leq \left(1 + \frac{1}{\gamma}\right) d_P(X,Y)$$

Da Y mit $d_P(X,Y) < \delta$ beliebig war, ist der Beweis vollständig. $\qquad\square$

Proposition 4.2.2

Für $X = BOF_1$ und $\beta \in (0,1)$, seien die Voraussetzungen von Lemma 4.2.1 für ein $\gamma > 0$ erfüllt. Dann existiert eine Konstante $\delta > 0$, sodass für alle Y mit $d_P(BOF_1,Y) < \delta$ gilt

$$\left|VaR_\beta(BOF_1) - VaR_\beta(Y)\right| \leq \left(1 + \frac{1}{\gamma}\right) \cdot \left(\mathbb{E}^{\mathbb{P}}\left(|BOF_1 - Y|\right)\right)^{\frac{1}{2}}.$$

Beweis. Bezeichne mit d_W die 1-Wasserstein Metrik, die definiert ist durch

$$d_W(X,Y) := \inf_{\substack{U \overset{d}{=} X \\ V \overset{d}{=} Y}} \mathbb{E}^{\mathbb{P}}\left(|U - V|\right).$$

In Gibbs u. Su (2002) wird folgende allgemeine Ungleichung bewiesen:

$$d_P(X,Y) \leq \sqrt{d_W(X,Y)}.$$

Nach Lemma 4.2.1 gibt es eine Konstante $\delta > 0$, sodass $\forall Y$ mit $d_P(BOF_1,Y) < \delta$ gilt

$$\left|\mathrm{VaR}(BOF_1)_\beta - \mathrm{VaR}(Y)_\beta\right| \leq L \cdot d_P(BOF_1,Y) \leq \left(1 + \frac{1}{\gamma}\right) \cdot \sqrt{d_W(BOF_1,Y)}.$$

Unter Einbezug der offensichtlichen Ungleichung

$$d_W(BOF_1, Y) \leq \mathbb{E}^{\mathbb{P}}\left(|BOF_1 - Y|\right),$$

folgt damit

$$\left|\mathrm{VaR}(BOF_1)_\beta - \mathrm{VaR}(Y)_\beta\right| \leq \left(1 + \frac{1}{\gamma}\right) \cdot \left(\mathbb{E}^{\mathbb{P}}\left(|BOF_1 - Y|\right)\right)^{\frac{1}{2}}.$$

$\square$

Korollar 4.2.3

Sei $\beta > 0$. Erfüllt $X = BOF_1$ die Voraussetzungen aus Lemma 4.2.1 für ein $\gamma > 0$, dann existiert $\delta > 0$, so dass unter der Bedingung $d_P\left(BOF_1, N_1 \cdot \mathbb{E}^{\mathbb{Q}}\left((\mathbf{x} - \alpha)^\top \tilde{\mathbf{A}} \middle| \mathscr{F}_1\right)\right) < \delta$ folgt

$$\left| VaR_\beta\left(BOF_1\right) - VaR_\beta\left(N_1 \cdot \mathbb{E}^{\mathbb{Q}}\left((\mathbf{x} - \alpha)^\top \tilde{\mathbf{A}} \middle| \mathscr{F}_1\right)\right) \right|$$

$$\leq \begin{cases} \left(1 + \frac{1}{\gamma}\right) \cdot \sqrt{\|N_1\|_{\mathbb{P},2}} \sqrt{f_{QTV}^{\mathbb{P},\mathbb{Q}}(\alpha)}, & \text{falls } N_1 \in \mathscr{L}^2(\mathbb{P}), \\ \left(1 + \frac{1}{\gamma}\right) \cdot \sqrt{\|N_1\|_{\mathbb{P},\infty}} \sqrt{f_{LTV}^{\mathbb{P},\mathbb{Q}}(\alpha)}, & \text{falls } N_1 \in \mathscr{L}^\infty(\mathbb{P}). \end{cases}$$

Beweis. Folgt direkt aus Proposition 4.2.2 und Anwendung der Cauchy-Schwarz Ungleichung. $\square$

Bemerkung 4.2.4

In der Praxis ist es normalerweise unmöglich Eigenschaft (4.6) für die Verteilung von BOF_1 zu überprüfen. Jedoch kann sie durch Simulation hinreichend genau verifiziert werden.

Wie das folgende Resultat von Henrion (2006) verdeutlicht, kann Annahme (4.6) nicht wesentlich abgeschwächt werden um Lipschitz-Stetigkeit des Value-at-Risk, wie in Proposition 4.2.2, zu erhalten.

Satz 4.2.5

Sei $\beta \in (0,1)$ und X eine beliebige eindimensionale Zufallsvariable mit stetiger Verteilungsfunktion. Dann ist der Value-at-Risk zum Niveau β für kein $\alpha > 0$ lokal Hölder-α-stetig um X bezüglich jeder Metrik auf dem Raum der Wahrscheinlichkeitsmaße, die schwächer ist als die Metrik der totalen Variation.

Ihr Gegenbeispiel kann ohne Schwierigkeiten modifiziert werden um zu zeigen dass auch bezüglich jeder $\mathscr{L}^p$-Norm keine (lokale) Hölder-Stetigkeit gegeben ist.

Zusammenfassend kann man also bei zusätzlichen Informationen über die Regularität der Verteilung von BOF_1, auch für den Value-at-Risk von BOF_1 Schlüsse aus der Lösung des Replikationsproblems ziehen. Damit ist die theoretische Begründung des Replikationsproblems hergeleitet. Die bisher wichtigsten Erkenntnisse sind in Satz 4.2.6 zusammengefasst.

Satz 4.2.6 (Fundierung der Replikation unter $\mathbb{O}$)
Sei Annahme 1 erfüllt und $\tilde{\mathbf{C}}_t^A \in \mathscr{L}^p(\mathbb{P})^{m+1}$, $\tilde{C}_t^L \in \mathscr{L}^p(\mathbb{P})$ für alle $t \in \mathscr{T}$, sowie $N_1 \in \mathscr{L}^q(\mathbb{P})$, wobei $\frac{1}{p} + \frac{1}{q} = 1$.

Ist $\rho_{\mathbb{P}}$ kohärent und endlich, dann gibt es eine Konstante $K_\rho > 0$, sodass

$$\left| \rho_{\mathbb{P}}\left(BOF_1\right) - \rho_{\mathbb{P}}\left(N_1 \cdot \mathbb{E}^{\mathbb{Q}}\left(\mathbf{x}^\top \tilde{\mathbf{A}} - \alpha^\top \tilde{\mathbf{A}} \,\middle|\, \mathscr{F}_1\right)\right) \right|$$

$$\leq K_\rho \cdot \begin{cases} \|N_1\|_{\mathbb{P},2}\, f_{QTV}^{\mathbb{O}}(\alpha), & \text{für } q = p = 2, \\ \|N_1\|_{\mathbb{P},\infty}\, f_{LTV}^{\mathbb{O}}(\alpha), & \text{für } q = \infty, p = 1. \end{cases}$$

Insbesondere kann im Fall $\rho_{\mathbb{P}} = AVaR_\beta$, $\beta \in (0,1)$ $K_\rho = \frac{1}{\beta}$ gesetzt werden.

Sei $\beta \in (0,1)$ und erfülle $X = BOF_1$ zusätzlich die Voraussetzungen aus Lemma 4.2.1 für ein $\gamma > 0$.

Dann existiert $\delta > 0$, sodass $d_P\left(BOF_1, N_1 \cdot \mathbb{E}^{\mathbb{Q}}\left((\mathbf{x} - \alpha)^\top \tilde{\mathbf{A}} \,\middle|\, \mathscr{F}_1\right)\right) < \delta$ impliziert

$$\left| VaR_\beta\left(BOF_1\right) - VaR_\beta\left(N_1 \cdot \mathbb{E}^{\mathbb{Q}}\left((\mathbf{x} - \alpha)^\top \tilde{\mathbf{A}} \,\middle|\, \mathscr{F}_1\right)\right) \right|$$

$$\leq \begin{cases} \left(1 + \frac{1}{\gamma}\right) \cdot \sqrt{\|N_1\|_{\mathbb{P},2}} \sqrt{f_{QTV}^{\mathcal{O}}(\alpha)}, & \text{für } q = 2, p = 2, \\ \left(1 + \frac{1}{\gamma}\right) \cdot \sqrt{\|N_1\|_{\mathbb{P},\infty}} \sqrt{f_{LTV}^{\mathcal{O}}(\alpha)}, & \text{für } q = \infty, p = 1. \end{cases}$$

Beweis. Folgt direkt aus Proposition 4.1.4 bzw. Bemerkung 4.1.6 und Korollar 4.2.3, sowie Proposition 4.1.10. $\qquad\square$

Ich werde nun überprüfen ob das Replikationsproblem auch für andere Maße sinnvoll ist. Insbesondere ist interessant, ob die Wahl $\mathbb{W} = \mathbb{Q}$ wie in der Praxis üblich, ebenso obere Schranken für (3.2) liefert.

4.3 Replikation unter $\mathbb{W} = \mathbb{Q}$

Da die Zielfunktionen $f_{QTV}^{\mathcal{O}}$ und $f_{LTV}^{\mathcal{O}}$ bereits als obere Schranken für den Approximationsfehler ausgemacht wurden, reicht es diese Funktionen wiederum durch die Zielfunktionen unter $\mathbb{Q}$ nach oben zu beschränken. Der folgende Satz liefert den Schlüssel.

Satz 4.3.1 (Fundierung der Replikation unter $\mathbb{Q}$)
Sei Annahme 1 erfüllt, $\mathscr{F}_0$ trivial und $\tilde{\mathbf{C}}_t^A \in \mathscr{L}^p(\mathbb{P})^{m+1}$, $\tilde{C}_t^L \in \mathscr{L}^p(\mathbb{P})$ für $t \in \mathscr{T}$, $1 \leq p < \infty$. Dann existiert ein äquivalentes risikoneutrales Maß $\mathbb{Q}$, sodass $\tilde{\mathbf{C}}_t^A \in \mathscr{L}^p(\mathbb{Q})^{m+1}$, $\tilde{C}_t^L \in \mathscr{L}^p(\mathbb{Q})$ für alle $t \in \mathscr{T}$, $Z := \frac{d\mathbb{P}}{d\mathbb{Q}}\Big|_{\mathscr{F}_1} \in \mathscr{L}^\infty(\mathbb{Q})$ und für $2 \leq p < \infty$, $q > 1$ mit $\frac{2}{p} + \frac{1}{q} = 1$ gilt $\forall \alpha \in \mathbb{R}^{m+1}$:

$$f_{QTV}^{\mathcal{O}}(\alpha) \leq \sqrt{\|Z\|_{\mathbb{Q},q}} \cdot \left[\mathbb{E}^{\mathbb{Q}}\left(\left| \tilde{L} - \alpha^\top \tilde{\mathbf{A}} \right|^p \,\middle|\, \mathscr{F}_0 \right) \right]^{\frac{1}{p}}$$

$$\leq \sqrt{\|Z\|_{Q,q}} \cdot \sum_{t \in \mathscr{T}} \left[\mathbb{E}^{Q} \left(\left| \tilde{C}_t^L - \alpha^\top \tilde{C}_t^A \right|^p \Big| \mathscr{F}_0 \right) \right]^{\frac{1}{p}}$$

$$\leq T^{1-\frac{1}{p}} \cdot \sqrt{\|Z\|_{Q,q}} \cdot \left[\sum_{t \in \mathscr{T}} \mathbb{E}^{Q} \left(\left| \tilde{C}_t^L - \alpha^\top \tilde{C}_t^A \right|^p \Big| \mathscr{F}_0 \right) \right]^{\frac{1}{p}}.$$

Analog, gilt für $1 \leq p < \infty$, $q > 1$ *mit* $\frac{1}{p} + \frac{1}{q} = 1$

$$f_{LTV}^{O}(\alpha) \leq \|Z\|_{Q,q} \cdot \left[\mathbb{E}^{Q} \left(\left| \tilde{L} - \alpha^\top \tilde{\mathbf{A}} \right|^p \Big| \mathscr{F}_0 \right) \right]^{\frac{1}{p}}$$

$$\leq \|Z\|_{Q,q} \cdot \sum_{t \in \mathscr{T}} \left[\mathbb{E}^{Q} \left(\left| \tilde{C}_t^L - \alpha^\top \tilde{C}_t^A \right|^p \Big| \mathscr{F}_0 \right) \right]^{\frac{1}{p}}$$

$$\leq T^{1-\frac{1}{p}} \cdot \|Z\|_{Q,q} \cdot \left[\sum_{t \in \mathscr{T}} \mathbb{E}^{Q} \left(\left| \tilde{C}_t^L - \alpha^\top \tilde{C}_t^A \right|^p \Big| \mathscr{F}_0 \right) \right]^{\frac{1}{p}}$$

Korollar 4.3.2

Unter den Voraussetzungen von Satz 4.3.1 gilt

$$f_{QTV}^{O} \leq \sqrt{\|Z\|_{Q,\infty}} \cdot f_{QTV}^{Q} \leq \sqrt{\|Z\|_{Q,\infty}} \cdot f_{QACF}^{Q} \leq \sqrt{T} \cdot \sqrt{\|Z\|_{Q,\infty}} \cdot f_{QSCF}^{Q},$$

$$f_{LTV}^{O} \leq \|Z\|_{Q,\infty} \cdot f_{LTV}^{Q} \leq \|Z\|_{Q,\infty} \cdot f_{LACF}^{Q} \leq \sqrt{T} \cdot \|Z\|_{Q,\infty} \cdot f_{LSCF}^{Q}.$$

Beweis von Korollar 4.3.2. Die Aussage folgt jeweils direkt durch Einsetzen von $p = 2$ und $p = 1$ in Satz 4.3.1 bis auf $f_{LACF}^{Q} \leq \sqrt{T} \cdot f_{LSCF}^{Q}$. Diese Ungleichung ist Konsequenz der Cauchy-Schwarz Ungleichung. $\qquad\square$

Bemerkung 4.3.3

Es gilt allgemein für $R = LTV, QTV, QSCF, LSCF, QACF, LACF$

$$f_R^{O} \leq \sqrt{\|Z\|_{Q,\infty}} \cdot f_R^{Q}.$$

Der Beweis ist trivial, da aus jeder Zielfunktion lediglich die $\|.\|_\infty$-Norm des Maß-wechsels $\frac{d\mathbb{P}}{d\mathbb{Q}}\big|_{\mathscr{F}_1}$ herausgezogen werden muss. Daraus kann entnommen werden, dass Replikation unter dem aus $\mathbb{P}$ und $\mathbb{Q}$ kombinierten Maß $\mathbb{O}$ grundsätzlich bessere Schranken liefert und daher bevorzugt werden sollte.

Der Beweis des Satzes 4.3.1 ist technisch und bedarf einiger Vorbereitungen. Die Annahme der Existenz eines risikoneutralen Maßes $\mathbb{Q}$ wie in Satz 4.3.1 ist nicht trivial. Im Black-Scholes Modell in stetiger Zeit ist die Radon-Nikodym Ableitung $\frac{d\mathbb{P}}{d\mathbb{Q}}$ auf Grund des Satzes von Girsanov bekanntlich lognormal verteilt. Daher wäre das Black Scholes Modell hier nicht anwendbar. In diskreter Zeit ist die Situation anders. Satz 4.3.4 liefert das Kernresultat, welches ich über mehrere Etappen beweise.

Satz 4.3.4 (Hauptsatz der Finanzmathematik)
Sei Annahme 1 erfüllt und $\mathscr{F}_0$ trivial. Dann existiert ein äquivalentes risikoneutrales Maß $\mathbb{Q}$, sodass $\frac{d\mathbb{P}}{d\mathbb{Q}}\big|_{\mathscr{F}_1} \in \mathscr{L}^\infty(\mathbb{P})$ und $\frac{d\mathbb{Q}}{d\mathbb{P}} \in \mathscr{L}^\infty(\mathbb{P})$.

Insbsondere existiert ein Maß $\mathbb{Q}$ wie in Satz 4.3.1 unter der Bedingung $\tilde{\mathbf{C}}_t^A \in \mathscr{L}^p(\mathbb{P})^{m+1}$, $\tilde{C}_t^L \in \mathscr{L}^p(\mathbb{P})$ für $t \in \mathscr{T}$, $1 \leq p < \infty$.

Ich schlage den Weg über das sogenannte Gain-Loss-Ratio ein, welches von Bernardo u. Ledoit (2000) eingeführt wurde.

Bezeichne $\Delta\tilde{\mathbf{S}}_t := \tilde{\mathbf{S}}_t - \tilde{\mathbf{S}}_{t-1}$ den Vektor der Gewinne bzw. Verluste jeder Anlage zwischen $t-1$ und t und sei die Menge der vorhersehbaren selbstfinanzierenden beschränkten Strategien definiert durch

$$\mathscr{H} := \left\{ (\mathbf{H}_t)_{t \in \mathscr{T}_0} \in \mathscr{L}^\infty(\mathbb{P}) \;\middle|\; \begin{array}{ll} (\mathbf{H}_t - \mathbf{H}_{t-1})^\top \tilde{\mathbf{S}}_{t-1} = 0, & t \in \mathscr{T} \\ \mathbf{H}_t \in \mathscr{F}_{t-1}, & t \in \mathscr{T} \\ \mathbf{H}_0^\top \tilde{\mathbf{S}}_0 \in \mathbb{R} \end{array} \right\}.$$

Weiter bezeichne

$$\mathscr{K} := \left\{ \sum_{t=1}^{T} \mathbf{H}_t^{\top} \Delta \tilde{\mathbf{S}}_t \,\Big|\, (\mathbf{H}_t)_{t \in \mathscr{T}_0} \in \mathscr{H} \right\} \tag{4.9}$$

den konvexen Kegel der zulässigen Gewinne zum Endzeitpunkt T.

Da jede Strategie in $\mathscr{H}$ beschränkt ist und $\tilde{\mathbf{S}}_1 \in \mathscr{L}^1 (\mathbb{P})^{m+1}$ nach Annahme 1, gilt auch $\mathscr{K} \subset \mathscr{L}^1 (\mathbb{P})$. Dies ist der Grund für die Notwendigkeit von Annahme 1.

Definition 4.3.5 ((Best) Gain-Loss Ratio)
Für $K \in \mathscr{K} \setminus \{0\}$, heißt die Zahl

$$\Phi(K) := \frac{\mathbb{E}^{\mathbb{P}} (K^+)}{\mathbb{E}^{\mathbb{P}} (K^-)}$$

Gain-Loss Ratio von K. Das Supremum über diese Zahlen

$$\Phi^* := \sup_{K \in \mathscr{K} \setminus \{0\}} \frac{\mathbb{E}^{\mathbb{P}} (K^+)}{\mathbb{E}^{\mathbb{P}} (K^-)}$$

nennt man das Best Gain-Loss Ratio.

In Biagini u. Pinar (2013) wurde folgendes Resultat bewiesen.

Satz 4.3.6
Wenn $\Phi^* < \infty$, dann existiert ein äquivalentes risikoneutrales Maß $\mathbb{Q}$, sodass

$$\frac{ess\ sup \frac{d\mathbb{Q}}{d\mathbb{P}}}{ess\ inf \frac{d\mathbb{Q}}{d\mathbb{P}}} = \Phi^*$$

Insbesondere sind $\frac{d\mathbb{P}}{d\mathbb{Q}}$ and $\frac{d\mathbb{Q}}{d\mathbb{P}}$ beschränkt durch Φ^*.

Satz 4.3.6 ist die Schlüsselaussage, die für die Existenz eines geeigneten $\mathbb{Q}$ nötig ist. Der Grund ist, dass Satz 4.3.6 auf alle einperiodische arbitragefreie Märkte anwendbar ist, sofern die σ-Algebra $\mathscr{F}_0$ als trivial angenommen wird. Dies zeigt Lemma 4.3.7.

Lemma 4.3.7

Sei Annahme 1 erfüllt, $T = 1$, $\mathscr{F}_0$ trivial und der Numéraire ein handelbares Finanzinstrument. Unter der Annahme, dass es keine redundanten Anlagen gibt, also $\nexists \mathbf{H}_1 \in \mathbb{R}^{m+1} \setminus \{0\}$ so dass $\mathbf{H}_1^\top \tilde{\mathbf{S}}_1 = 0$, ist Φ^* aus Definition 4.3.5 endlich.

Beweis. Angenommen es wäre $\Phi^* = \infty$. Dann gibt es eine Folge $(K_n)_{n \in \mathbb{N}}$ in $\mathscr{K}$ so dass

$$\Phi(K_n) = \frac{\mathbb{E}^{\mathbb{P}}(K_n^+)}{\mathbb{E}^{\mathbb{P}}(K_n^-)} > n, \quad \forall n \in \mathbb{N}.$$

Sei $\mathbf{H}^n \in \mathbb{R}^{m+1}$, $n \in \mathbb{N}$ so dass $K_n = (\mathbf{H}^n)^\top \Delta \tilde{\mathbf{S}}_1$. Sei die Anlage $\tilde{S}_{m,1} = 1$ der Numéraire und $\mathbf{e}_m = (0, \ldots, 0, 1)^\top \in \mathbb{R}^{m+1}$ die Investition in eine Stückzahl des Numéraires . Da K_n offenbar unabhängig von der Investition in den Numéraire ist, kann o.B.d.A. angenommen werden, dass $H_m^n = 0$ für alle $n \in \mathbb{N}$. Ferner, da Φ skaleninvariant ist, d.h. $\Phi(\lambda K) = \Phi(K) \, \forall K \in \mathscr{K}$ und $\forall \lambda > 0$, kann außerdem o.B.d.A. angenommen werden, dass $\|\mathbf{H}^n\|_2 = 1 \, \forall n \in \mathbb{N}$, wobei $\|.\|_2$ die Euklidsche Norm darstellt.

Da $(\mathbf{H}^n)_{n \in \mathbb{N}}$ eine beschränkte Folge ist, existiert eine Teilfolge $(\mathbf{H}^{n_k})_{k \in \mathbb{N}}$, die gegen ein $\mathbf{H}^* \in \mathbb{R}^{m+1}$ mit $\|\mathbf{H}^*\|_2 = 1$ konvergiert, bzw.

$$\lim_{k \to \infty} \|\mathbf{H}^{n_k} - \mathbf{H}^*\|_2 = 0.$$

Zusätzlich hat man die Ungleichung

$$\mathbb{E}^{\mathbb{P}}(K_{n_k}^+) + \mathbb{E}^{\mathbb{P}}(K_{n_k}^-) = \mathbb{E}^{\mathbb{P}}(|K_{n_k}|) = \mathbb{E}^{\mathbb{P}}\left(\left|(\mathbf{H}^{n_k})^\top \Delta \tilde{\mathbf{S}}_1\right|\right) \leq \mathbb{E}^{\mathbb{P}}(\|\Delta \tilde{\mathbf{S}}_1\|_2)$$

und somit

$$\Phi(K_{n_k}) = \frac{\mathbb{E}^{\mathbb{P}}(K_{n_k}^+)}{\mathbb{E}^{\mathbb{P}}(K_{n_k}^-)} \leq \frac{\mathbb{E}^{\mathbb{P}}(\|\Delta \tilde{\mathbf{S}}_1\|_2)}{\mathbb{E}^{\mathbb{P}}(K_{n_k}^-)} - 1$$

bzw.

$$\mathbb{E}^{\mathbb{P}}\left(K_{n_k}^-\right) \leq \frac{\mathbb{E}^{\mathbb{P}}\left(\|\Delta\tilde{\mathbf{S}}_1\|_2\right)}{\Phi\left(K_{n_k}\right)+1} < \frac{\mathbb{E}^{\mathbb{P}}\left(\|\Delta\tilde{\mathbf{S}}_1\|_2\right)}{n_k+1}.$$

Daher folgt

$$0 = \lim_{k\to\infty}\mathbb{E}^{\mathbb{P}}\left(K_{n_k}^-\right) = \lim_{k\to\infty}\mathbb{E}^{\mathbb{P}}\left(\left(\left(\mathbf{H}^{n_k}\right)^\top\Delta\tilde{\mathbf{S}}_1\right)^-\right) = \mathbb{E}^{\mathbb{P}}\left(\left(\left(\mathbf{H}^*\right)^\top\Delta\tilde{\mathbf{S}}_1\right)^-\right).$$

Die Bedingung der Arbitragefreiheit impliziert aber

$$\left(\mathbf{H}^*\right)^\top\Delta\tilde{\mathbf{S}}_1 = 0 \quad f.s.,$$

oder anders

$$\left(\mathbf{H}^*\right)^\top\tilde{\mathbf{S}}_1 = \left(\mathbf{H}^*\right)^\top\tilde{\mathbf{S}}_0 \quad f.s..$$

Setzt man $\kappa := \left(\mathbf{H}^*\right)^\top\tilde{\mathbf{S}}_0$, erhält man

$$\left(\mathbf{H}^*\right)^\top\tilde{\mathbf{S}}_1 = \kappa = \kappa\cdot\mathbf{e}_m^\top\tilde{\mathbf{S}}_1 \quad f.s.$$

bzw.

$$\left(\mathbf{H}^* - \kappa\mathbf{e}_m\right)^\top\tilde{\mathbf{S}}_1 = 0 \quad f.s.$$

Da es nach Annahme keine redundanten Anlagen gibt, folgt

$$\mathbf{H}^* = \kappa\mathbf{e}_m.$$

Aus $\|\mathbf{H}^n\|_2 = 1$ und $H_m^n = 0 \ \forall n \in \mathbb{N}$ leitet man ab, dass gilt $\|\mathbf{H}^*\|_2 = 1$ und $H_m^* = 0$. Also ist $\kappa = 0$ im Widerspruch zu $\|\mathbf{H}^*\|_2 = 1$. $\qquad\square$

Bemerkung 4.3.8
In einer praktischen Anwendung kann eine obere Schranke für Φ^* wie folgt gefunden werden.

Da Φ skaleninvariant ist, kann man sich auf die Portfolios $\mathbf{H}$ mit $\|\mathbf{H}\|_\infty = 1$ zurückziehen. Für jedes solche $\mathbf{H}$ gilt die Ungleichung

$$\mathbb{E}^{\mathbb{P}}\left(K^+\right) + \mathbb{E}^{\mathbb{P}}\left(K^-\right) = \mathbb{E}^{\mathbb{P}}\left(|K|\right) = \mathbb{E}^{\mathbb{P}}\left(\left|\mathbf{H}^\top \tilde{\mathbf{S}}_1\right|\right) \leq \|\mathbf{H}\|_2 \cdot \mathbb{E}^{\mathbb{P}}\left(\left\|\tilde{\mathbf{S}}_1\right\|_2\right)$$

$$\leq \sqrt{m} \cdot \|\mathbf{H}\|_\infty \cdot \mathbb{E}^{\mathbb{P}}\left(\left\|\tilde{\mathbf{S}}_1\right\|_2\right) = \sqrt{m} \cdot \mathbb{E}^{\mathbb{P}}\left(\left\|\tilde{\mathbf{S}}_1\right\|_2\right).$$

Folglich gilt für jedes $K \in \mathscr{K}$

$$\Phi(K) = \frac{\mathbb{E}^{\mathbb{P}}\left(K^+\right)}{\mathbb{E}^{\mathbb{P}}\left(K^-\right)} \leq \frac{\sqrt{m} \cdot \mathbb{E}^{\mathbb{P}}\left(\left\|\tilde{\mathbf{S}}_1\right\|_2\right)}{\mathbb{E}^{\mathbb{P}}\left(K^-\right)} - 1.$$

Es bleibt noch eine untere Schranke für $\mathbb{E}^{\mathbb{P}}\left(K^-\right)$ zu finden. Dazu beachte man, dass die Funktion $f : \mathbf{H} \mapsto \mathbb{E}^{\mathbb{P}}\left(\left(\mathbf{H}^\top \tilde{\mathbf{S}}_1\right)^-\right)$ konvex ist. Weiter kann die Minimierung auf der Oberfläche des Hyperwürfels $\left\{x \in \mathbb{R}^{m+1} : \|x\|_\infty = 1\right\}$ in $2(m+1)$ unabhängige Minimierungen auf nur jeweils einer Seite aufgespalten werden. Die Minimierung einer konvexen Funktion auf einer Seite ist einfach und damit kann der Nenner berechnet werden.

Insgesamt erhält man damit

$$\Phi^* \leq \frac{\sqrt{m} \cdot \mathbb{E}^{\mathbb{P}}\left(\left\|\tilde{\mathbf{S}}_1\right\|_2\right)}{\min_{\|\mathbf{H}\|_\infty = 1} \mathbb{E}^{\mathbb{P}}\left(\left(\mathbf{H}^\top \tilde{\mathbf{S}}_1\right)^-\right)} - 1.$$

Korollar 4.3.9
In einem Einperiodenmarkt $\left(\tilde{\mathbf{S}}_0, \tilde{\mathbf{S}}_1\right)$ auf $\left(\Omega, \mathscr{F}, (\mathscr{F}_t)_{t=0,1}, \mathbb{P}\right)$ mit $\tilde{\mathbf{S}}_1 \in \mathscr{L}^1(\mathbb{P})$ und trivialer σ-Algebra $\mathscr{F}_0$ existiert ein äquivalentes risikoneutrales Maß $\mathbb{Q}$, sodass $\frac{d\mathbb{P}}{d\mathbb{Q}}$ und $\frac{d\mathbb{Q}}{d\mathbb{P}}$ beschränkt sind.

Beweis. Der Beweis folgt direkt aus Satz 4.3.6 und Lemma 4.3.7. Es fehlt nur die Annahme, dass es keine redundanten Anlagen auf dem Markt gibt. Existieren jedoch redundante Anlagen, kann man einfach ein $\mathbb{Q}$ auf dem Teilmarkt unter Ausschluss der redundanten Anlagen finden. Wegen der Arbitragefreiheit muss dieses $\mathbb{Q}$ ebenfalls ein risikoneutrales Maß auf dem gesamten Markt sein. $\square$

Jetzt sind die nötigen Ergebnisse vorhanden um Satz 4.3.4 zu beweisen.

Beweis des Satzes 4.3.4. Laut dem Satz von Dalang, Morton und Willinger Dalang u. a. (1990) existiert ein risikoneutrales Maß $\tilde{\mathbb{Q}}$, sodass die Dichte $\frac{d\tilde{\mathbb{Q}}}{d\mathbb{P}}$ beschränkt ist. Der schwierige Teil ist also zu zeigen, dass man zusätzlich $\frac{d\mathbb{P}}{d\tilde{\mathbb{Q}}}\big|_{\mathscr{F}_1}$ annehmen kann.

In seinem Beweis des Satzes von Dalang, Morton und Willinger bedient sich Rogers (1994) geeignet gewählter Nutzenfunktionen. Damit ist er in der Lage $\tilde{\mathbb{Q}}$ so zu konstruieren, dass nicht nur $\frac{d\tilde{\mathbb{Q}}}{d\mathbb{P}}$ beschränkt ist, sondern auch der Maßwechsel in jedem Zeitpunkt, also $\frac{d\tilde{\mathbb{Q}}}{d\mathbb{P}}\big|_{\mathscr{F}_t} \cdot \frac{d\mathbb{P}}{d\tilde{\mathbb{Q}}}\big|_{\mathscr{F}_{t-1}} \in \mathscr{L}^\infty(\mathbb{P})$ für alle $t \in \mathscr{T}$.

Insbesondere folgt daraus durch Multiplikation $\frac{d\tilde{\mathbb{Q}}}{d\mathbb{P}} \cdot \frac{d\mathbb{P}}{d\tilde{\mathbb{Q}}}\big|_{\mathscr{F}_1} \in \mathscr{L}^\infty(\mathbb{P})$. Damit ist der Maßwechsel von $t = 1$ nach $t = T$ beschränkt. Es bleibt nun einen in beide Richtungen beschränkten Maßwechsel von $t = 0$ nach $t = 1$ zu finden und ihn mit dem Wechsel von $t = 1$ nach $t = T$ zu einem risikoneutralen Maß zu verknüpfen.

Wegen Korollar 4.3.9 existiert ein Wahrscheinlichkeitsmaß $\mathbb{Q}_1$ auf dem Einperioden-Teilraum $\left(\Omega, \mathscr{F}, (\mathscr{F}_t)_{t=0,1}\right)$, sodass $\frac{d\mathbb{P}}{d\mathbb{Q}_1}$ und $\frac{d\mathbb{Q}_1}{d\mathbb{P}}$ beschränkt sind und das die Martingaleigenschaft $\mathbb{E}^{\mathbb{Q}_1}\left(\tilde{\mathbf{S}}_1 \big| \mathscr{F}_0\right) = \tilde{\mathbf{S}}_0$ garantiert. Unter Verwendung von $\mathbb{Q}_1$ konstruiere ich nun ein neues Maß $\mathbb{Q}$ auf dem gesamten Raum $(\Omega, \mathscr{F})$ durch

$$\tilde{\mathbb{Q}}(A) := \mathbb{E}^{\mathbb{Q}_1}\left(\mathbb{E}^{\tilde{\mathbb{Q}}}\left(\mathbf{1}_A \big| \mathscr{F}_1\right)\right), \quad \forall A \in \mathscr{F}.$$

Es ist leicht zu überprüfen, dass damit ein neues Wahrscheinlichkeitsmaß definiert wird und es gilt

$$\mathbb{E}^{\mathbb{Q}}\left(Z \big| \mathscr{F}_1\right) = \mathbb{E}^{\tilde{\mathbb{Q}}}\left(Z \big| \mathscr{F}_1\right), \quad \forall Z \in \mathscr{L}^1\left(\mathscr{F}, \tilde{\mathbb{Q}}\right),$$
$$\mathbb{E}^{\mathbb{Q}}(Z) = \mathbb{E}^{\mathbb{Q}_1}(Z), \quad \forall Z \in \mathscr{L}^1\left(\mathscr{F}_1, \mathbb{Q}_1\right) \subseteq \mathscr{L}^1\left(\mathscr{F}_1, \mathbb{P}\right).$$

Insbesondere ist $\left(\tilde{\mathbf{S}}_t\right)_{t \in \mathscr{T}_0}$ ein Martingal unter $\mathbb{Q}$ wegen

$$\mathbb{E}^{\mathbb{Q}}\left(\tilde{\mathbf{S}}_t \big| \mathscr{F}_s\right) = \mathbb{E}^{\tilde{\mathbb{Q}}}\left(\tilde{\mathbf{S}}_t \big| \mathscr{F}_s\right) = \tilde{\mathbf{S}}_s, \quad \forall 1 \leq s \leq t \leq T,$$

$$\mathbb{E}^{\mathbb{Q}}\left(\tilde{\mathbf{S}}_t \middle| \mathscr{F}_0\right) = \mathbb{E}^{\mathbb{Q}}\left(\mathbb{E}^{\mathbb{Q}}\left(\tilde{\mathbf{S}}_t \middle| \mathscr{F}_1\right) \middle| \mathscr{F}_0\right)$$

$$= \mathbb{E}^{\mathbb{Q}_1}\left(\mathbb{E}^{\tilde{\mathbb{Q}}}\left(\tilde{\mathbf{S}}_t \middle| \mathscr{F}_1\right) \middle| \mathscr{F}_0\right)$$

$$= \mathbb{E}^{\mathbb{Q}_1}\left(\tilde{\mathbf{S}}_1 \middle| \mathscr{F}_0\right)$$

$$= \tilde{\mathbf{S}}_0, \qquad\qquad \forall t \leq T.$$

und per Definition ist $\left.\frac{d\mathbb{P}}{d\mathbb{Q}}\right|_{\mathscr{F}_1} = \frac{d\mathbb{P}}{d\mathbb{Q}_1}$ beschränkt.

Nun gilt außerdem

$$\frac{d\mathbb{Q}}{d\mathbb{P}} = \frac{d\mathbb{Q}_1}{d\mathbb{P}} \cdot \left(\frac{d\tilde{\mathbb{Q}}}{d\mathbb{P}} \cdot \left.\frac{d\mathbb{P}}{d\tilde{\mathbb{Q}}}\right|_{\mathscr{F}_1}\right).$$

Da $\tilde{\mathbb{Q}}$ so gewählt wurde, dass $\left.\frac{d\tilde{\mathbb{Q}}}{d\mathbb{P}} \cdot \frac{d\mathbb{P}}{d\tilde{\mathbb{Q}}}\right|_{\mathscr{F}_1} \in \mathscr{L}^\infty\left(\mathbb{P}\right)$ und aus der Konstruktion von $\mathbb{Q}_1$ folgt $\frac{d\mathbb{Q}_1}{d\mathbb{P}} \in \mathscr{L}^\infty\left(\mathbb{P}\right)$, folgt auch die Beschränktheit von $\frac{d\mathbb{Q}}{d\mathbb{P}}$.

Für den letzten Teil folgt wegen $\tilde{C}^A \in \mathscr{L}^p\left(\mathbb{P}\right)^{m+1}$, $\tilde{C}^L \in \mathscr{L}^p\left(\mathbb{P}\right)$ für $2 \leq p < \infty$ bzw. $1 \leq p < \infty$ und aus der Beschränktheit des Maßwechsels $\frac{d\mathbb{Q}}{d\mathbb{P}}$, dass $\tilde{C}^A \in \mathscr{L}^p\left(\mathbb{Q}\right)^{m+1}$, $\tilde{C}^L \in \mathscr{L}^p\left(\mathbb{Q}\right)$ und damit hat $\mathbb{Q}$ alle Eigenschaften aus Satz 4.3.1. $\square$

Die entscheidende Arbeit im Beweis des Satzes 4.3.1 ist die Existenz des Maßes $\mathbb{Q}$ mit den geforderten Eigenschaften nachzuweisen. Der Rest des Beweises ist Standard.

Beweis des Satzes 4.3.1. Mit Satz 4.3.4 ist die Existenz des Maßes $\mathbb{Q}$ gezeigt.

Der Rest des Beweises verläuft analog für f_{QTV}^O und f_{LTV}^O. Daher zeige ich die Aussage nur für f_{QTV}^O.

Durchführung des Maßwechsels im äußeren Erwartungswert liefert

$$f_{QTV}^{\mathbb{O}}(\alpha) = \left[\mathbb{E}^{\mathbb{Q}}\left(Z\cdot\mathbb{E}^{\mathbb{Q}}\left(\left[\tilde{L}-\alpha^{\top}\tilde{\mathbf{A}}\right]^2\Big|\mathscr{F}_1\right)\Big|\mathscr{F}_0\right)\right]^{\frac{1}{2}}.$$

Wegen $Z \in \mathscr{L}^{\infty}(\mathbb{Q}) \subset \mathscr{L}^q(\mathbb{Q})$ kann Hölders Ungleichung eingesetzt werden und man erhält

$$\left[\mathbb{E}^{\mathbb{Q}}\left(Z\cdot\mathbb{E}^{\mathbb{Q}}\left(\left[\tilde{L}-\alpha^{\top}\tilde{\mathbf{A}}\right]^2\Big|\mathscr{F}_1\right)\Big|\mathscr{F}_0\right)\right]^{\frac{1}{2}}$$

$$\leq \sqrt{\|Z\|_{\mathbb{Q},q}}\cdot\left[\mathbb{E}^{\mathbb{Q}}\left(\mathbb{E}^{\mathbb{Q}}\left(\left|\tilde{L}-\alpha^{\top}\tilde{\mathbf{A}}\right|^p\Big|\mathscr{F}_1\right)\Big|\mathscr{F}_0\right)\right]^{\frac{1}{p}}$$

$$= \sqrt{\|Z\|_{\mathbb{Q},q}}\cdot\left[\mathbb{E}^{\mathbb{Q}}\left(\left|\tilde{L}-\alpha^{\top}\tilde{\mathbf{A}}\right|^p\Big|\mathscr{F}_0\right)\right]^{\frac{1}{p}}.$$

Die Ungleichungen

$$\left[\mathbb{E}^{\mathbb{Q}}\left(\left|\tilde{L}-\alpha^{\top}\tilde{\mathbf{A}}\right|^p\Big|\mathscr{F}_0\right)\right]^{\frac{1}{p}} \leq \sum_{t\in\mathscr{T}}\left[\mathbb{E}^{\mathbb{Q}}\left(\left|\tilde{C}_t^L-\alpha^{\top}\tilde{C}_t^A\right|^p\Big|\mathscr{F}_0\right)\right]^{\frac{1}{p}}$$

und

$$\sum_{t\in\mathscr{T}}\left[\mathbb{E}^{\mathbb{Q}}\left(\left|\tilde{C}_t^L-\alpha^{\top}\tilde{C}_t^A\right|^p\Big|\mathscr{F}_0\right)\right]^{\frac{1}{p}} \leq T^{1-\frac{1}{p}}\cdot\left[\sum_{t\in\mathscr{T}}\mathbb{E}^{\mathbb{Q}}\left(\left|\tilde{C}_t^L-\alpha^{\top}\tilde{C}_t^A\right|^p\Big|\mathscr{F}_0\right)\right]^{\frac{1}{p}}$$

folgen jeweils direkt aus der Minkowski- und der Cauchy-Schwarz-Ungleichung.

$\square$

Damit ist auch die Begründung der Replikation, wie in der Praxis umgesetzt, vollständig. Wie in Abschnitt 3.2 bereits erwähnt, sind die aktuellen Simulationsprogramme scheinbar nicht in der Lage Szenarien aus $\mathbb{O}$ zu erzeugen. Eine naheliegende Frage ist nun, ob Replikation unter $\mathbb{P}$ besser ist als unter $\mathbb{Q}$.

4.4 Replikation unter $\mathbb{W} = \mathbb{P}$

Wählt man das reelle Maß $\mathbb{P}$ für das Replikationsproblem, liegt der Vorteil darin, dass kein risikoneutrales Maß erst gefunden und ausgesucht werden muss. Tatsächlich stellt sich zudem heraus, dass es deutlich einfacher ist, Schranken für (3.2) herzuleiten, wenn unter $\mathbb{P}$ statt $\mathbb{Q}$ simuliert wird. Man wird jedoch sehen, dass die Größe der oberen Schranke implizit von der Wahl des risikoneutralen Maßes $\mathbb{Q}$ abhängt. Die Konstruktion des risikoneutralen Maßes bleibt einem trotzdem erspart. Man kann annehmen, dass jenes $\mathbb{Q}$ eingesetzt wird, welches die kleinste Schranke bildet. Satz 4.4.1 und Bemerkung 4.4.2 liefern die Details.

In Analogie zu den Zielfunktionen aus Abschnitten 3.2 und 4.1 definiere ich folgende Zielfunktionen für das reelle Maß $\mathbb{P}$.

$$f_{QTV}^{\mathbb{P}}(\alpha) := \left[\mathbb{E}^{\mathbb{P}} \left(\left[\tilde{L} - \alpha^{\top} \tilde{\mathbf{A}} \right]^2 \middle| \mathscr{F}_0 \right) \right]^{\frac{1}{2}},$$

$$f_{LTV}^{\mathbb{P}}(\alpha) := \mathbb{E}^{\mathbb{P}} \left(\left| \tilde{L} - \alpha^{\top} \tilde{\mathbf{A}} \right| \middle| \mathscr{F}_0 \right),$$

$$f_{QSCF}^{\mathbb{P}}(\alpha) := \left[\sum_{t \in \mathscr{T}} \mathbb{E}^{\mathbb{P}} \left(\left[\tilde{C}_t^L - \alpha^{\top} \tilde{\mathbf{C}}_t^A \right]^2 \middle| \mathscr{F}_0 \right) \right]^{\frac{1}{2}},$$

$$f_{LSCF}^{\mathbb{P}}(\alpha) := \left[\sum_{t \in \mathscr{T}} \left[\mathbb{E}^{\mathbb{P}} \left(\left| \tilde{C}_t^L - \alpha^{\top} \tilde{\mathbf{C}}_t^A \right| \middle| \mathscr{F}_0 \right) \right]^2 \right]^{\frac{1}{2}},$$

$$f_{QACF}^{\mathbb{P}}(\alpha) := \sum_{t \in \mathscr{T}} \left[\mathbb{E}^{\mathbb{P}} \left(\left[\tilde{C}_t^L - \alpha^{\top} \tilde{\mathbf{C}}_t^A \right]^2 \middle| \mathscr{F}_0 \right) \right]^{\frac{1}{2}},$$

$$f_{LACF}^{\mathbb{P}}(\alpha) := \sum_{t \in \mathscr{T}} \mathbb{E}^{\mathbb{P}} \left(\left| \tilde{C}_t^L - \alpha^{\top} \tilde{\mathbf{C}}_t^A \right| \middle| \mathscr{F}_0 \right)$$

Es sei hier angemerkt, dass für die Wohldefiniertheit dieser Zielfunktionen offensichtlich die Annahme $\tilde{\mathbf{C}}_t^A \in \mathscr{L}^p(\mathbb{P})^{m+1}$, $\tilde{C}_t^L \in \mathscr{L}^p(\mathbb{P})$ für alle $t \in \mathscr{T}$ und $p = 1$ bzw. $p = 2$ ausreicht.

Satz 4.4.1 zeigt, dass man die gleiche obere Schranke erhält wie im Fall $\mathbb{W} = \mathbb{Q}$ bis auf den konstanten Faktor.

Satz 4.4.1 (Fundierung der Replikation unter $\mathbb{P}$)

Sei Annahme 1 erfüllt und $\tilde{\mathbf{C}}_t^A \in \mathscr{L}^2(\mathbb{P})^{m+1}$, $\tilde{C}_t^L \in \mathscr{L}^2(\mathbb{P})$ für alle $t \in \mathscr{T}$. Dann existiert ein äquivalentes risikoneutrales Maß $\mathbb{Q}$ und eine Konstante $C_{\mathbb{P},\mathbb{Q}} > 0$ sodass für beliebiges $\alpha \in \mathbb{R}^{m+1}$ gilt

$$f_{QTV}^{\mathbb{O}}(\alpha) \le \sqrt{C_{\mathbb{P},\mathbb{Q}}} \cdot f_{QTV}^{\mathbb{P}}(\alpha) \le \sqrt{C_{\mathbb{P},\mathbb{Q}}} \cdot f_{QACF}^{\mathbb{P}}(\alpha) \le \sqrt{T} \cdot \sqrt{C_{\mathbb{P},\mathbb{Q}}} \cdot f_{QSCF}^{\mathbb{P}}(\alpha),$$

$$f_{LTV}^{\mathbb{P},\mathbb{Q}}(\alpha) \le C_{\mathbb{P},\mathbb{Q}} \cdot f_{LTV}^{\mathbb{P}}(\alpha) \le C_{\mathbb{P},\mathbb{Q}} \cdot f_{LACF}^{\mathbb{P}}(\alpha) \le \sqrt{T} \cdot C_{\mathbb{P},\mathbb{Q}} \cdot f_{LSCF}^{\mathbb{P}}(\alpha).$$

Beweis. Wie im Fall $\mathbb{W} = \mathbb{Q}$ reicht es wegen Analogie die Aussage für $f_{QTV}^{\mathbb{O}}$ zu beweisen. Dieses Mal führt man einen Maßwechsel von $\mathbb{Q}$ nach $\mathbb{P}$ durch.

$$
\begin{aligned}
f_{QTV}^{\mathbb{O}}(\alpha) &\le \left[\mathbb{E}^{\mathbb{P}} \left(\mathbb{E}^{\mathbb{Q}} \left(\left[\tilde{L} - \alpha^\top \tilde{\mathbf{A}} \right]^2 \Big| \mathscr{F}_1 \right) \Big| \mathscr{F}_0 \right) \right]^{\frac{1}{2}} \\
&= \left[\mathbb{E}^{\mathbb{P}} \left(\mathbb{E}^{\mathbb{P}} \left(\frac{d\mathbb{Q}}{d\mathbb{P}} \left[\tilde{L} - \alpha^\top \tilde{\mathbf{A}} \right]^2 \Big| \mathscr{F}_1 \right) \Big| \mathscr{F}_0 \right) \right]^{\frac{1}{2}} \\
&= \left[\mathbb{E}^{\mathbb{P}} \left(\frac{d\mathbb{Q}}{d\mathbb{P}} \left[\tilde{L} - \alpha^\top \tilde{\mathbf{A}} \right]^2 \Big| \mathscr{F}_0 \right) \right]^{\frac{1}{2}}.
\end{aligned}
$$

Nach dem Satz von Dalang Morton Willinger (Dalang u. a. (1990)) existiert nun ein risikoneutrales Maß $\mathbb{Q}$, sodass $\frac{d\mathbb{Q}}{d\mathbb{P}}$ beschränkt ist. Setzt man also $C_{\mathbb{P},\mathbb{Q}} := \left\| \frac{d\mathbb{Q}}{d\mathbb{P}} \right\|_\infty$, so erhält man die Aussage. Die übrigen Ungleichungen werden wie in Satz 4.3.1 bewiesen. $\qquad\square$

Bemerkung 4.4.2

Man beachte, dass in Satz 4.4.1 jedes risikoneutrale Maß mit beschränkter Radon Nikodym Dichte $\frac{d\mathbb{Q}}{d\mathbb{P}}$ ausreichend ist. Idealerweise würde man natürlich gerne $\mathbb{Q}$ so wählen, dass die Konstante $C_{\mathbb{P},\mathbb{Q}}$ möglichst klein ist. In Delbaen u.

Schachermayer (2006) wird gezeigt, dass die kleinste obere Schranke $C^*_{\mathbb{P},\mathbb{Q}} :=$ $\inf\left\{\left\|\frac{d\mathbb{Q}}{d\mathbb{P}}\right\|_\infty : \mathbb{Q} \text{ ist risikoneutral}\right\}$ *durch*

$$C^*_{\mathbb{P},\mathbb{Q}} = \inf\left\{k : AVaR_{\frac{1}{k}}(K) \leq 0, \forall K \in \mathcal{K}\right\}$$
$$= \min\left\{k : AVaR_{\frac{1}{k}}(K) \leq 0, \forall K \in \mathcal{K}\right\},$$

charakterisiert werden kann. Dabei ist $\mathcal{K}$ die Menge der zulässigen Gewinne zum Endzeitpunkt wie in (4.9) definiert. Das Minimum wird angenommen, da der Average-Value-at-Risk $AVaR_\beta$ stetig bezüglich des Signifikanzniveaus β ist (siehe Rockafellar u. Uryasev (2002, Proposition 13)). Für Φ^* wie in Satz 4.3.6 gilt außerdem $C^*_{\mathbb{P},\mathbb{Q}} \leq \Phi^*$. Daher liefert Replikation unter $\mathbb{P}$ tatsächlich bessere Schranken als unter $\mathbb{Q}$.

Am Ende dieser Arbeit ist das Ziel, eine Empfehlung für das am besten geeignete Replikationsproblem zu geben. Zum einen steht die Forderung nach der effizienten Lösbarkeit der Probleme im Vordergrund. Diese Frage werde ich in Abschnitt 5.4 behandeln. Dabei wird sich herausstellen, dass der Rechenaufwand für die Lösung der Probleme QTV, QSCF und QACF in einer Monte-Carlo Simulation nicht von der Anzahl der erzeugten Szenarien abhängt, ein großer Vorteil gegenüber LTV, LSCF und LACF. Zum anderen möchte ich ein besseres Verständnis für die qualitativen Unterschiede zwischen den Replikationsproblemen erreichen. Da QTV, QSCF und QACF auf der $\mathcal{L}^2$-Norm auf $\mathcal{W}$ basieren, bieten sie Raum für analytische Mathematik. Wie man in Kapitel 7 sehen wird, erlaubt diese Gegebenheit die Probleme ineinander überzuführen und damit quantitative Unterschiede zwischen den Replikationsportfolios aufzudecken.

Bemerkungen 4.3.3 und 4.4.2 liefern bereits eine gute Grundlage um zu entscheiden, welches Wahrscheinlichkeitsmaß für das Replikationsproblem am besten geeignet ist. Zum Zweck der Allgemeinheit wird das Wahrscheinlichkeitsmaß $\mathbb{W}$, wenn nicht explizit gewählt, für die Replikation beliebig angenommen. Das folgende Kapitel geht näher auf die noch offenen Parameter des Replikationsproblems ein und schafft einen Überblick der Argumente aus Forschung und Praxis. Darunter fällt die Diskussion über die Wahl der Normen $\|.\|_W$ und $\|.\|_T$ und die Frage ob Terminal-Value-Matching, 1-Cash-Flow-Matching oder 2-Cash-Flow-Matching prinzipiell zu bevorzugen ist. Zudem untersuche ich inwieweit die Wahl des Numéraires einen Effekt auf das resultierende Replikationsportfolio haben kann.

5 Diskussion der Replikationsparameter

Dieses Kapitel beginnt mit der Bedeutung des Numéraires in der Replikation. Daraufhin wird diskutiert, welche Norm auf dem Raum $\mathscr{L}(\mathscr{W})$ gewählt werden sollte, bevor schließlich auf die Unterschiede zwischen Terminal-Value-Matching, 1-Cash-Flow-Matching und 2-Cash-Flow-Matching eingegangen wird.

5.1 Numéraire und Martingalmaß

Eine Freiheit, die bei der Formulierung der Replikationsprobleme bisher außen vor war, ist die Wahl des Numéraires $\mathbf{N}$ zur Abdiskontierung. Wenn der Wahrscheinlichkeitsraum $\mathscr{W}$ nicht in endlich viele Atome zerlegt werden kann, ist der Markt unvollständig und es gibt unendlich viele risikoneutrale Maße für jeden potentiellen Numéraire. Äquivalent dazu gibt es unendlich viele (nicht unbedingt handelbare) Numéraire Prozesse für jedes potentielle risikoneutrale Maß.

Proposition 5.1.1 (Change of Numéraire)
Sei $\tilde{\mathbf{N}} = (\tilde{N}_t)_{t \in \mathscr{T}}$ ein positiver stochastischer Prozess, sodass $\left(\frac{\tilde{N}_t}{N_t}\right)_{t \in \mathscr{T}}$ Martingal unter $\mathbb{Q}$ ist. Dann ist das Wahrscheinlichkeitsmaß $\tilde{\mathbb{Q}}$ definiert durch

$$\frac{d\tilde{\mathbb{Q}}}{d\mathbb{Q}} := \frac{\tilde{N}_T}{\tilde{N}_0} \cdot \frac{N_0}{N_T}$$

risikoneutral mit Numéraire $\tilde{\mathbf{N}}$ und für alle $s < t$ gilt

$$\mathbb{E}^{\mathbb{Q}}\left(\frac{\mathbf{S}_t}{N_t}\,\middle|\,\mathscr{F}_s\right) = \mathbb{E}^{\tilde{\mathbb{Q}}}\left(\frac{\mathbf{S}_t}{\tilde{N}_t}\,\middle|\,\mathscr{F}_s\right).$$

Umgekehrt sei neben $\mathbb{Q}$ auch $\tilde{\mathbb{Q}}$ ein risikoneutrales Maß zu Numéraire $\mathbf{N}$. Dann ist der Prozess $\tilde{\mathbf{N}} := (\tilde{N}_t)_{t \in \mathscr{T}}$ definiert durch

$$\frac{N_t}{\tilde{N}_t} := \mathbb{E}^{\mathbb{Q}}\left(\frac{d\tilde{\mathbb{Q}}}{d\mathbb{Q}}\,\middle|\,\mathscr{F}_t\right), \quad t \in \mathscr{T}$$

ebenfalls Numéraire zum risikoneutralen Maß $\mathbb{Q}$.

Beweis. Der erste Teil der Aussage ist der bekannte „Change of Numéraire" (siehe z.B. Brigo u. Mercurio (2006, Proposition 2.2.1)).

Für den zweiten Teil, sei bemerkt, dass $(\tilde{N}_t)_{t\in\mathscr{T}}$ offensichtlich ein positiver stochastischer Prozess ist. Außerdem gilt für $s < t$

$$\mathbb{E}^{\mathbb{Q}}\left(\frac{\mathbf{S}_t}{\tilde{N}_t}\,\Big|\,\mathscr{F}_s\right) = \mathbb{E}^{\mathbb{Q}}\left(\frac{N_t}{\tilde{N}_t}\cdot\frac{\mathbf{S}_t}{N_t}\,\Big|\,\mathscr{F}_s\right) = \mathbb{E}^{\mathbb{Q}}\left(\mathbb{E}^{\mathbb{Q}}\left(\frac{d\tilde{\mathbb{Q}}}{d\mathbb{Q}}\,\Big|\,\mathscr{F}_t\right)\cdot\frac{\mathbf{S}_t}{N_t}\,\Big|\,\mathscr{F}_s\right).$$

Anwendung der Formel von Bayes (siehe Musiela u. Rutkowski (2005, Lemma A.1.4)) liefert

$$\mathbb{E}^{\mathbb{Q}}\left(\mathbb{E}^{\mathbb{Q}}\left(\frac{d\tilde{\mathbb{Q}}}{d\mathbb{Q}}\,\Big|\,\mathscr{F}_t\right)\cdot\frac{\mathbf{S}_t}{N_t}\,\Big|\,\mathscr{F}_s\right) = \mathbb{E}^{\mathbb{Q}}\left(\frac{d\tilde{\mathbb{Q}}}{d\mathbb{Q}}\,\Big|\,\mathscr{F}_s\right)\cdot\mathbb{E}^{\tilde{\mathbb{Q}}}\left(\frac{\mathbf{S}_t}{N_t}\,\Big|\,\mathscr{F}_s\right).$$

Da $\tilde{\mathbb{Q}}$ ein risikoneutrales Maß zu Numéraire $\mathbf{N}$ ist, folgt

$$\mathbb{E}^{\mathbb{Q}}\left(\frac{d\tilde{\mathbb{Q}}}{d\mathbb{Q}}\,\Big|\,\mathscr{F}_s\right)\cdot\mathbb{E}^{\tilde{\mathbb{Q}}}\left(\frac{\mathbf{S}_t}{N_t}\,\Big|\,\mathscr{F}_s\right) = \frac{N_s}{\tilde{N}_s}\cdot\frac{\mathbf{S}_s}{N_s} = \frac{\mathbf{S}_s}{\tilde{N}_s}.$$

$\qquad\square$

Es gibt also eine große Bandbreite an Numéraire-Martingalmaß Paaren aus welchen sich Replikationsprobleme formulieren lassen. Üblicherweise legt man sich zuerst auf einen Numéraire fest, bevor das risikoneutrale Maß gewählt wird. Angesichts Bemerkungen 4.3.8 und 4.4.2 ist sowohl bei Replikation unter $\mathbb{Q}$ als auch unter $\mathbb{P}$ die Wahl von $\mathbb{Q}$ entscheidend.

Bei Replikation unter $\mathbb{Q}$ lassen sich einige interessante Tatsachen feststellen.

- Bei gegebenem Numéraire hängen die Zielfunktionen $f_{QTV}^{\mathbb{Q}}$, $f_{QSCF}^{\mathbb{Q}}$, $f_{QACF}^{\mathbb{Q}}$ von der Wahl von $\mathbb{Q}$ ab. Das optimale Replikationsportfolio[1] ändert sich dementsprechend mit der Wahl des risikoneutralen Maßes ebenso wie dessen fairer Wert. Nur im Falle einer perfekten Replikation, wenn also der Zielfunktionswert gleich Null ist, hat die Wahl des Maßes oder Numéraires keinen Einfluss auf das optimale Replikationsportfolio.

---

1 Dessen Existenz und Eindeutigkeit wird für jedes der drei Replikationsprobleme in Kapitel 6 bewiesen.

- Anders verhält es sich jedoch, wenn gleichzeitig mit dem Numéraire auch das risikoneutrale Maß entsprechend geändert wird. Der faire Wert der Liabilities und des Replikationsportfolios bleibt dann unverändert (Proposition 5.1.1), nur die Optimallösung ändert sich.

  Dass die Optimallösung nicht gleich bleibt, folgt aus folgender Überlegung. Sei $(\tilde{N}_t)_{t\in\mathscr{T}}$ eine positive Anlage, die zum neuen Numéraire werden soll, wobei $(\tilde{N}_t/N_t)_{t\in\mathscr{T}}$ ein Martingal unter $\mathbb{Q}$ ist. O.B.d.A. sei $\tilde{N}_0 = N_0 = 1$. Dann ist das aus $\mathbb{Q}$ abgeleitete neue risikoneutrale Maß $\tilde{\mathbb{Q}}$, definiert durch $d\tilde{\mathbb{Q}}/d\mathbb{Q} = \tilde{N}_T/N_T$ risikoneutral mit Numéraire $(\tilde{N}_t)_{t\in\mathscr{T}}$. Das neue QACF-Problem sieht dann wie folgt aus.

$$\inf_{\alpha\in\mathbb{R}^{m+1}} \sum_{t=1}^{T} \left[\mathbb{E}^{\tilde{\mathbb{Q}}}\left(\left[\frac{C_t^L}{\tilde{N}_t} - \alpha^\top \frac{C_t^A}{\tilde{N}_t}\right]^2 \middle| \mathscr{F}_0 \right) \right]^{\frac{1}{2}}.$$

  Aufgrund des bekannten Maßwechsels ist dieses Problem äquivalent zum Problem

$$\inf_{\alpha\in\mathbb{R}^{m+1}} \sum_{t=1}^{T} \left[\mathbb{E}^{\mathbb{Q}}\left(\frac{N_t}{\tilde{N}_t} \left[\frac{C_t^L}{N_t} - \alpha^\top \frac{C_t^A}{N_t}\right]^2 \middle| \mathscr{F}_0 \right) \right]^{\frac{1}{2}}.$$

  Analoge Formulierungen lassen sich für das QTV-Problem und das QSCF-Problem herleiten.

  Dies entspricht also einer Neugewichtung der Fehler um den Faktor $N_t/\tilde{N}_t$. Wie extrem die Neugewichtung und damit die Änderung der Optimallösung ist, hängt davon ab, wie sehr sich die Preisprozesse der beiden Numéraires voneinander unterscheiden.

  Führt man dagegen den neuen Numéraire und den Maßwechsel in den Problemen LTV, LSCF und LACF durch, so stellt man fest, dass die Optimallösungen durch einen Change of Numéraire nicht geändert werden. In dieser Hinsicht bietet die $\mathscr{L}^1$-Norm einen Vorteil gegenüber der $\mathscr{L}^2$-Norm.

- Bei der Untersuchung der Eigenschaften von Optimallösungen für QTV, QSCF und QACF wird sich in Kapitel 6 herausstellen, dass unter schwachen Annahmen der faire Wert des Replikationsportfolios mit dem fairen Wert der Liabilities übereinstimmt, d.h.

$$\mathbb{E}^{\mathbb{Q}}\left(\tilde{L}\right) = \mathbb{E}^{\mathbb{Q}}\left(\alpha^{\top}\tilde{\mathbf{A}}\right).$$

Dabei ist die Wahl des Numéraire-Martingalmaß Paares irrelevant.

Zusammengefasst hängt das optimale Portfolio von der Wahl des Numéraire-Martingalmaß Paares ab. Ausnahme ist der Fall, wenn es ein perfekt replizierendes Portfolio gibt.

Es bleibt die Frage, welches Numéraire-Martingalmaß Paar gewählt werden sollte. Als risikoneutrales Maß bietet sich das reelle Maß $\mathbb{P}$ an. Es bietet den Vorteil , dass die Maße $\mathbb{Q}$, $\mathbb{P}$ und $\mathbb{O}$ zusammenfallen. Insbesondere liefert Replikation unter $\mathbb{P}$ die kleinsten Schranken und Verlaufspfade können komplett unter einem Maß erzeugt werden.

Tatsächlich lässt sich auch ein Numéraire bestimmen, sodass alle abdiskontierten Preisprozesse unter $\mathbb{P}$ Martingale sind. Dieser Numéraire entspricht gerade dem Portfolio, das die logarithmische Nutzenfunktion maximiert. Genauer bezeichne $\pi_t = \left(\pi_t^0, \ldots, \pi_t^m\right)$ eine selbstfinanzierende vorhersehbare Handelsstrategie in allen Finanzinstrumenten und $(V_t^{\pi})_{t \in \mathscr{T}}$ den zugehörigen Wertprozess. Sei $(\pi_t^*)_{t \in \mathscr{T}}$ die Lösung zu

$$\underset{(\pi_t)_{t \in \mathscr{T}}}{\arg\max}\ \mathbb{E}^{\mathbb{P}}\left(\log\left(\frac{V_T^{\pi}}{V_0}\right)\right).$$

Dann ist das reelle Maß $\mathbb{P}$ ein Martingalmaß bezüglich des Numéraires $\left(V_t^{\pi^*}\right)_{t \in \mathscr{T}}$ (siehe Korn u. Schäl (1999)). Dieses Ergebnis liefert eine elegante Lösung zur Bestimmung eines Numéraire-Martingalmaß Paares. Jedoch wird dieser Ansatz trotz seines theoretischen Vorteils in der Praxis meist nicht angewendet. Dafür gibt es zwei mögliche Gründe. Erstens verwenden Versicherungen externe „Economic Scenario Generators", welche bereits risikoneutrale Szenarien mit festgelegtem Numéraire (üblicherweise das Geldmarktkonto) erstellen. Zweitens sind diese Szenarien nicht in Form einer Baumstruktur gegeben sondern als unverzweigte

Pfade, was die Berechnung der optimalen Handelsstrategie erschwert. Mit ausreichend vielen Szenarien könnte aber obiges Problem möglicherweise über das LSMC Verfahren gelöst werden.

Im weiteren Verlauf spielt die Wahl des Numéraires und des Martingalmaßes keine Rolle. Der Numéraire **N** ist ein beliebiger positiver stochastischer Prozess und $\mathbb{Q}$, wenn relevant, ein zugehöriges risikoneutrales Maß.

5.2 Wahl der Norm $\|.\|_{\mathbb{W}}$

In der Literatur wurden bereits einige Normen vorgeschlagen und behandelt. Jedoch sind Begründungen für deren Wahl entweder gar nicht oder nur unbefriedigend ausgeführt worden.

Oechslin u. a. (2007) lösen in ihrer Replikation das DTV- und das DCF-Problem unter den Normen $\mathscr{L}^2(\mathbb{Q})$ und der Euklidischen Norm auf $\mathbb{R}^T$. Dies entspricht der Optimierung der in Abschnitt 3.2 eingeführten Zielfunktionen $f_{QTV}^{\mathbb{Q}}$ und $f_{QSCF}^{\mathbb{Q}}$ bzw. den Replikationsproblemen QTV und QSCF. Dieselben Replikationsprobleme wurden auch in Daul u. Vidal (2009) behandelt. Das DTV-Problem mit der $\mathscr{L}^2(\mathbb{Q})$-Norm wurde später auch zum Beispiel in Seemann (2011), Dubrana (2011) und Cambou u. Filipovic (2016) untersucht. Nur Cambou u. Filipovic (2016) geben einen expliziten Grund für diese Wahl an. Nach einem Rechentest mit der $\mathscr{L}^1(\mathbb{W})$-Norm (sie lassen die Wahl des Wahrscheinlichkeitsmaßes offen) können sie keine Vorteile gegenüber der $\mathscr{L}^2(\mathbb{W})$-Norm feststellen. Der Approximationsfehler ist bei beiden vergleichbar. Auf Grund der analytischen Eigenschaften entscheiden sie sich daher für die $\mathscr{L}^2(\mathbb{W})$-Norm. Allgemein sind die analytischen Eigenschaften eine naheliegende Erklärung bei allen Autoren, da insbesondere QTV und QSCF quadratische Optimierungsprobleme darstellen[2] und daher explizite Lösungen vorhanden sind.

---

2 Diese Aussage wird in Abschnitt 5.4 demonstriert.

Chen u. Skoglund (2012) wählen neben dem QSCF-Problem für das Cash-Flow-Matching auch die $\mathscr{L}^1(\mathbb{Q})$-Norm zusammen mit der Summennorm auf $\mathbb{R}^T$ (entspricht der Zielfunktion $f_{LACF}^{\mathbb{Q}}$ bzw. dem Problem LACF), sowie die $\mathscr{L}^\infty(\mathbb{Q})$-Norm mit der $\|.\|_\infty$-Norm auf $\mathbb{R}^T$. Hier wird argumentiert, der Vorteil der Letzteren bestünde darin, dass das Problem durch ein lineares Programm gelöst werden könne. Allerdings gilt dieses Argument auch für die Verwendung der Ersteren, welche bedeutend geringere Anforderungen an die Integrierbarkeit der Cash-Flows stellt. Der Vorteil liegt darin, dass im Vergleich zum LACF-Problem die Anzahl der Zusatzvariablen im linearen Programm nicht so schnell wächst. Die Beschränktheit der Cash-Flows ist jedoch eine zu starke Voraussetzung. Zudem erzeugt die $\mathscr{L}^\infty(\mathbb{Q})$-Norm große Zielfunktionswerte und damit große Schranken für den Approximationsfehler.

Das Problem LACF wird von Özkan u. a. (2011) und Adelmann u. a. (2016) bewusst gewählt. Als Begründung geben sie ein Argument an, das die Verwendung der $\mathscr{L}^2(\mathbb{Q})$-Norm diskreditiert. Werden in einem Finanzmarktmodell exorbitant hohe Zinsszenarien generiert, so entstehen in diesen Szenarien gleichzeitig große Cash-Flows. Die $\mathscr{L}^2$-Norm gewichtet solche Ausreißer deutlich stärker als die $\mathscr{L}^1$-Norm, sodass alle gewöhnlichen Szenarien in der Optimierung nur vernachlässigbaren Einfluss haben. Ein solches Zinsmodell ist beispielsweise das Modell von Black und Karasinski (siehe Black u. Karasinski (1991)). Dies führe dazu, dass die Replikation in den meisten Szenarien äußerst unbefriedigend sei. Adelmann u. a. (2016) argumentieren zusätzlich, dass die $\mathscr{L}^1$-Norm zur Identifikation von Ausreißern besser geeignet sei. Diese Argumente werden allerdings in Natolski u. Werner (2016b) relativiert, da die Konsequenz der Optimierung in wenige extreme Szenarien nur dann auftritt, wenn mit inadäquatem Faktor abdiskontiert wird. Insbesondere wenn mit dem Geldmarktkonto abgezinst wird, werden große Cash-Flows, die Folge exorbitanter Zinsen sind, entsprechend mit einem großen Diskontfaktor abgezinst und zumindest nicht aus diesem Grund in der Optimierung bevorzugt. Özkan u. a. (2011) geben den Numéraire nicht explizit an. Eine Vermutung ist daher, dass Nullkuponanleihen zur Abdiskontierung herangezogen wurden. Das war die Grundlage für Natolski

u. Werner (2016b) das Argument der Autoren in einem numerischen Beispiel zu falsifizieren. Dort vergleichen wir die relativen Matching Fehler mit dem Wert des Geldmarktkontos zum Endzeitpunkt. Bei der Abdiskontierung mit Anleihen zeichnet sich eine klar erkennbare Abhängigkeit zwischen dem Fehler und dem Wert des Geldmarktkontos ab. Die Größe des Fehlers steigt exponentiell mit der Nullkuponrate. Wie erwartet ist diese Abhängigkeit wesentlich deutlicher unter der $\mathscr{L}^2$-Norm zu erkennen. Wird dagegen mit dem Geldmarktkonto selbst abgezinst, welches im verwendeten Modell der Numéraire ist, verschwindet diese Abhängigkeit unabhängig von der gewählten Norm.

Es existiert jedoch ein weiteres Argument gegen den Einsatz der $\mathscr{L}^2$-Norm. Das aus dem DTV-Problem resultierende kleinste Quadrate Problem ist häufig schlecht konditioniert (siehe Natolski u. Werner (2016b)). Ein Grund dafür ist die unterschiedliche Größenordnung der Cash-Flows. Während eine Aktie im dreistelligen Bereich gehandelt werden kann, ist eine Anleihe ungefähr einen Euro wert. Die Konsequenz ist, dass kleine Cash-Flows nahezu redundant in der Optimierung erscheinen und somit das Problem schlecht konditioniert wird. Allerdings wird auch dieses Argument in Natolski u. Werner (2016b) mit Hilfe des numerischen Beispiels entschärft. Dort zeige ich, dass dieses Problem durch geeignete Umskalierung der Cash-Flows umgangen werden kann.

Die Vorteile der analytischen Eigenschaften eines Replikationsproblems verschwinden beim Einsatz der $\mathscr{L}^2$-Norm, wenn sie mit der Summennorm auf $\mathbb{R}^T$ im DCF-Problem kombiniert wird. Dieses Problem entspricht dann dem in Natolski u. Werner (2014) ursprünglich eingeführten Problem QACF bzw. der Minimierung von f_{QACF}^{Q}. Es lässt sich im Gegensatz zu QTV und QSCF nicht als quadratisches Problem darstellen, womit keine explizite Lösung angegeben werden kann. In Natolski u. Werner (2017b) beschäftigen wir uns intensiv mit diesem Replikationsproblem mit dem Fazit, dass obwohl keine analytische Lösung angegeben werden kann, der Rechenaufwand der Lösung trotzdem übersichtlich bleibt. Näheres dazu bespreche ich in Abschnitt 5.4.

Es kann also derzeit keine Aussage getroffen werden, welche Norm zu bevorzugen ist. Allerdings stellt die $\mathscr{L}^2$-Norm keine besonders strengen Anforderungen an die stochastischen Eigenschaften der Cash-Flows und zudem bietet sie im Gegensatz zur $\mathscr{L}^1$-Norm viel Raum für analytische Mathematik. Die hier präsentierten Ergebnisse dienen einem Vergleich zwischen den Normen, weswegen von nun an die quadratische Integrierbarkeit der Cash-Flows angenommen wird, d.h. $\forall i \in \{0,\ldots,m\}, t \in \mathscr{T}$ gilt

$$\tilde{C}_t^L, \tilde{C}_{i,t}^A \in \mathscr{L}^2\left(\Omega, \mathscr{F}_t, \mathbb{W}\right). \tag{5.1}$$

An dieser Stelle sei noch einmal erinnert, dass Annahme (5.1) mit $\mathbb{W} = \mathbb{P}$ zusammen mit Annahme 1 auch hinreichend für Annahme (5.1) mit $\mathbb{W} = \mathbb{Q}$ und $\mathbb{W} = \mathbb{O}$ ist (siehe Propositionen 4.1.3 und 4.1.9).

5.3 TV vs. 1-CF vs. 2-CF

Allgemein ist zu erwarten, dass ein Portfolio aus Finanzinstrumenten, dessen Cash-Flow den Liability Cash-Flow im Sinne des Cash-Flow-Matchings genauer abbildet als ein anderes Portfolio, auch im Sinne des Terminal-Value-Matchings besser approximiert. Jedoch ist die Umkehrung sicher nicht wahr. Es kann zwei Portfolios geben deren Terminal Values identisch sind, aber sehr unterschiedliche Cash-Flows aufweisen. Es scheint also, dass die DTV-Probleme mehr Freiheit bei der Auswahl des replizierenden Portfolios zulassen. Diese Freiheit rührt daher, dass die DTV-Probleme im Gegensatz zu den DCF-Problemen erlauben Cash-Flows intertemporal zu hedgen. Sind zwei Zahlungen zu einem Zeitpunkt stark unterschiedlich, so kann das mit den zukünftigen Zahlungen ausgeglichen werden. Das wird mit den folgenden zwei Beispielen illustriert.

Beispiel 5.3.1 (Hedging in den Liabilities)
Man betrachte den einfachen Fall mit nur zwei Zeitpunkten (T = 2) und beliebigen Liability Cash-Flows

$$\tilde{C}_2^L = -\tilde{C}_1^L.$$

Die Summe der abgezinsten Liability Cash-Flows ist null und kann daher beim Terminal-Value-Matching trivial perfekt repliziert werden. Jedoch nur unter der Bedingung, dass jeder einzelne Cash-Flow perfekt repliziert werden kann, kann es einen perfekten Cash-Flow-Match geben.

Beispiel 5.3.2 (Hedging in der Zeit)

Sei wieder $T = 2$ und man nehme an, dass der Liability Cash-Flow zum Zeitpunkt $t = 2$ identisch zum Cash-Flow eines Finanzinstruments i zum Zeitpunkt $t = 1$, also

$$\tilde{C}_2^L = \tilde{C}_{i,1}^A$$

Dann kann der Liability Cash-Flow bei $t = 2$ im DTV-Problem perfekt durch Anlage i repliziert werden. Beim Cash-Flow-Matching ist das nicht mehr möglich, da die Cash-Flows nicht zur gleichen Zeit eintreffen.

Die Unterschiede zwischen Terminal-Value-Matching und Cash-Flow-Matching wurden bereits teilweise in der Literatur diskutiert.

Laut Oechslin u. a. (2007) ist Cash-Flow-Matching der falsche Ansatz. Sie argumentieren, dass sowohl Kunden als auch Anbieter von Lebensversicherungen versuchen Cash-Flows über die Zeit auszugleichen. Ein solches Verhalten erzeuge Pfadabhängigkeit der Cash-Flows, die mit einem statischen Portfolio nicht nachgebildet werden können. Diese Pfadabhängigkeit verliere erst beim Terminal-Value-Matching seine Relevanz. Daul u. Vidal (2009) vergleichen das QSCF- und das QTV-Problem numerisch in einer Fallstudie. Dabei kommen sie zu dem Ergebnis, dass beim QTV-Problem das Bestimmtheitsmaß R^2, welches aus den Stichproben, die für die Optimierung verwendet wurden (in-sample), deutlich größer ist als beim QSCF-Problem. Diese Beobachtung ist nicht überraschend, da wie in Beispielen 5.3.1 und 5.3.2 demonstriert, das Terminal-Value-Matching intertemporales hedgen zulässt. Jedoch beobachten sie weiter, dass die Replikationsportfolios auf Stichproben, die nicht in der Optimierung verwendet wurden (out-of-sample), genau umgekehrte Ergebnisse liefern. In ihren Studien erzeugt das QTV-Problem Replikationsportfolios, die nur in-sample

Terminal Values gut nachbilden und out-of-sample versagen, während es sich beim Cash-Flow-Matching genau andersherum verhält. Diese Beobachtung ist leicht zu erklären. Da im Vergleich zum Cash-Flow-Matching, wo in jedem Zeitpunkt kalibriert werden muss, nur in einem Zeitpunkt kalibriert wird, ist die Gefahr der Überanpassung (*Overfitting*) an die Kalibrierungsszenarien größer. Das ist ein klares Argument für das QSCF-Problem. Allerdings sinkt der Effekt der Überanpassung mit wachsender Anzahl an in-sample Szenarien. Verwendet man also mehr Szenarien für die Optimierung, könnte ein besseres Ergebnis im Terminal-Value-Matching erzielt werden (vgl. auch Kapitel 8).

Die Beobachtung, dass das In-Sample-Matchen der Terminal Values einfacher ist als das Matchen der Cash-Flows zu jedem Zeitpunkt, reflektieren auch Korollar 4.3.2 und Satz 4.4.1, da das Terminal-Value-Matching kleinere Schranken liefert.

Allgemein kann eine Reihe von weiteren Beziehungen zwischen den Zielfunktionen hergestellt werden. Die folgenden beiden Propositionen liefern einen guten Überblick, wie die eingeführten Zielfunktionen in Relation zueinander stehen und somit welche Replikationsprobleme bessere Schranken liefern. Die Zusammenhänge werden im Folgenden graphisch in Abbildung 5.1 illustriert.

Proposition 5.3.3

Für beliebiges Wahrscheinlichkeitsmaß $\mathbb{W}$ gelten folgende Beziehungen.

$f_{LTV}^{\mathbb{W}}$	$f_{LSCF}^{\mathbb{W}}$	$f_{LACF}^{\mathbb{W}}$	$f_{QTV}^{\mathbb{W}}$	$f_{QSCF}^{\mathbb{W}}$	$f_{QACF}^{\mathbb{W}}$
$\leq$	$\leq$	$\leq$	$\leq$	$\leq$	$\leq$
$\sqrt{T}\cdot f_{LSCF}^{\mathbb{W}}$	$f_{LACF}^{\mathbb{W}}$	$\sqrt{T}\cdot f_{LSCF}^{\mathbb{W}}$	$\sqrt{T}\cdot f_{QSCF}^{\mathbb{W}}$	$f_{QACF}^{\mathbb{W}}$	$\sqrt{T}\cdot f_{QSCF}^{\mathbb{W}}$
$f_{QTV}^{\mathbb{W}}$	$f_{QSCF}^{\mathbb{W}}$	$\sqrt{T}\cdot f_{QSCF}^{\mathbb{W}}$	$f_{QACF}^{\mathbb{W}}$		
$f_{LACF}^{\mathbb{W}}$	$f_{QACF}^{\mathbb{W}}$	$f_{QACF}^{\mathbb{W}}$			
$\sqrt{T}\cdot f_{QSCF}^{\mathbb{W}}$					
$f_{QACF}^{\mathbb{W}}$					

Beweis. Anwendung von Minkowskis Ungleichung für die Normen $\mathscr{L}^1(\mathbb{W})$ und $\mathscr{L}^2(\mathbb{W})$ liefert für alle $\alpha \in \mathbb{R}^{m+1}$

$$f_{QTV}^{\mathbb{W}}(\alpha) \leq f_{QACF}^{\mathbb{W}}(\alpha),$$
$$f_{LTV}^{\mathbb{W}}(\alpha) \leq f_{LACF}^{\mathbb{W}}(\alpha).$$

Weiter folgt aus der Cauchy-Schwarz Ungleichung auf $\mathbb{R}^T$

$$f_{QACF}^{\mathbb{W}}(\alpha) \leq \sqrt{T} \cdot f_{QSCF}^{\mathbb{W}}(\alpha),$$
$$f_{LACF}^{\mathbb{W}}(\alpha) \leq \sqrt{T} \cdot f_{LSCF}^{\mathbb{W}}(\alpha)$$

und aus der Cauchy-Schwarz Ungleichung auf $\mathscr{L}^2(\mathbb{W})$

$$f_{LTV}^{\mathbb{W}}(\alpha) \leq f_{QTV}^{\mathbb{W}}(\alpha),$$
$$f_{LSCF}^{\mathbb{W}}(\alpha) \leq f_{QSCF}^{\mathbb{W}}(\alpha),$$
$$f_{LACF}^{\mathbb{W}}(\alpha) \leq f_{QACF}^{\mathbb{W}}(\alpha).$$

Schließlich sind

$$f_{QSCF}^{\mathbb{W}}(\alpha) \leq f_{QACF}^{\mathbb{W}}(\alpha)$$
$$f_{LSCF}^{\mathbb{W}}(\alpha) \leq f_{LACF}^{\mathbb{W}}(\alpha)$$

direkte Konsequenzen aus der Ungleichung der Normen $\|.\|_2 \leq \|.\|_1$ auf dem Raum $\mathbb{R}^T$. Alle übrigen Ungleichungen ergeben sich aus den obigen. $\quad\square$

Eine weitere Ungleichung kann unter Einbezug einer schwachen Annahme hergeleitet werden.

Proposition 5.3.4

Seien folgende symmetrische positiv-semidefinite Zufallsmatrizen definiert

$$Q^{TVL} := (\tilde{L}, \tilde{A})\,(\tilde{L}, \tilde{A})^{\top},$$
$$Q^{CFL} := \sum_{t=1}^{T} \left[(\tilde{C}_t^L, \tilde{C}_t^A)\,(\tilde{C}_t^L, \tilde{C}_t^A)^{\top} \right]$$

und bezeichne $\lambda_{\min}^{TV,L}$ *den kleinsten Eigenwert der Matrix* $\mathbb{E}^{\mathbb{W}}\left(Q^{TVL}\right)$, *sowie* $\lambda_{\max}^{SCF,L}$ *den größten Eigenwert der Matrix* $\mathbb{E}^{\mathbb{W}}\left(Q^{CFL}\right)$.

Gibt es keine redundanten Anlagen und ist $\tilde{L}$ *nicht replizierbar, bzw. gilt* $\tilde{L} \notin \text{span}\left\{\tilde{\mathbf{A}}\right\}$, *so ist* $\lambda_{\min}^{QTV,L} > 0$ *und es gilt für alle* $\alpha \in \mathbb{R}^{m+1}$

$$f_{QSCF}^{\mathbb{W}}(\alpha) \leq \sqrt{\frac{\lambda_{\max}^{SCF,L}}{\lambda_{\min}^{TV,L}}} \cdot f_{QTV}^{\mathbb{W}}(\alpha)$$

Beweis. Die Matrizen Q^{TVL} und Q^{CFL} sind gerade so definiert, dass die Funktionen $f_{QTV}^{\mathbb{W}}(\alpha)$ und $f_{QSCF}^{\mathbb{W}}(\alpha)$ sich umformulieren lassen zu

$$f_{QTV}^{\mathbb{W}}(\alpha) = \left[\begin{pmatrix} 1 \\ -\alpha \end{pmatrix}^{\top} \mathbb{E}\left(Q^{\text{TVL}}\right) \begin{pmatrix} 1 \\ -\alpha \end{pmatrix}\right]^{\frac{1}{2}},$$

$$f_{QSCF}^{\mathbb{W}}(\alpha) = \left[\begin{pmatrix} 1 \\ -\alpha \end{pmatrix}^{\top} \mathbb{E}\left(Q^{\text{CFL}}\right) \begin{pmatrix} 1 \\ -\alpha \end{pmatrix}\right]^{\frac{1}{2}}.$$

Da es keine redundanten Anlagen gibt, gilt

$$\min_{\|\alpha\|_2=1} \begin{pmatrix} 0 \\ \alpha \end{pmatrix}^{\top} \mathbb{E}\left(Q^{\text{TVL}}\right) \begin{pmatrix} 0 \\ \alpha \end{pmatrix} = \min_{\|\alpha\|_2=1} \alpha^{\top} \mathbb{E}\left(\tilde{\mathbf{A}}\tilde{\mathbf{A}}^{\top}\right) \alpha > 0$$

bzw.

$$\min_{\substack{\beta_0=0, \\ \|\beta\|_2=1}} \beta^{\top} \mathbb{E}\left(Q^{\text{TVL}}\right) \beta > 0.$$

Da $\tilde{L}$ nicht replizierbar ist, gilt außerdem

$$\min_{\alpha \in \mathbb{R}^{m+1}} \begin{pmatrix} 1 \\ -\alpha \end{pmatrix}^{\top} \mathbb{E}\left(Q^{\text{TVL}}\right) \begin{pmatrix} 1 \\ -\alpha \end{pmatrix} = \min_{\alpha \in \mathbb{R}^{m+1}} \left(f_{QTV}^{\mathbb{W}}(\alpha)\right)^2 > 0.$$

Daraus kann direkt gefolgert werden

$$\min_{\substack{\beta_0 \neq 0, \\ \|\beta\|_2 = 1}} \beta^\top \mathbb{E}\left(Q^{\mathrm{TVL}}\right) \beta > 0.$$

Zusammen erhält man damit

$$\lambda_{\min}^{TV,L} = \min_{\|\beta\|_2 = 1} \beta^\top \mathbb{E}\left(Q^{\mathrm{TVL}}\right) \beta > 0.$$

Aus der Darstellung der Zielfunktionen ergibt sich dann

$$f_{QSCF}^{\mathbb{W}}(\alpha) = \left[\begin{pmatrix} 1 \\ -\alpha \end{pmatrix}^\top \mathbb{E}\left(Q^{\mathrm{CFL}}\right) \begin{pmatrix} 1 \\ -\alpha \end{pmatrix}\right]^{\frac{1}{2}}$$

$$\leq \sqrt{\lambda_{\max}^{SCF,L}} \cdot \left\|\begin{pmatrix} 1 \\ -\alpha \end{pmatrix}\right\|_2$$

$$\leq \sqrt{\lambda_{\max}^{SCF,L}} \cdot \left[\frac{1}{\lambda_{\min}^{TV,L}} \cdot \begin{pmatrix} 1 \\ -\alpha \end{pmatrix}^\top \mathbb{E}\left(Q^{\mathrm{TVL}}\right) \begin{pmatrix} 1 \\ -\alpha \end{pmatrix}\right]^{\frac{1}{2}}$$

$$= \sqrt{\frac{\lambda_{\max}^{SCF,L}}{\lambda_{\min}^{TV,L}} \cdot f_{QTV}^{\mathbb{W}}(\alpha)}.$$

$\square$

Bemerkung 5.3.5

Eine analoge Ungleichung für die Probleme LTV und LSCF aufzustellen erfordert zusätzliche Voraussetzungen an die Verteilung der zukünftigen Cash-Flows. Beispielsweise gilt unter Annahme $\tilde{\mathbf{A}} \in \mathscr{L}^\infty(\mathbb{W})^{m+1}$, $\tilde{L} \in \mathscr{L}^\infty(\mathbb{W})$ für alle $\alpha \in \mathbb{R}^{m+1}$:

$$f_{QTV}^{\mathbb{W}}(\alpha) = \left\|\tilde{L} - \alpha^\top \tilde{\mathbf{A}}\right\|_{\mathbb{W},2}^2$$

$$\leq \left\|\tilde{L} - \alpha^\top \tilde{\mathbf{A}}\right\|_{\mathbb{W},\infty} \cdot \left\|\tilde{L} - \alpha^\top \tilde{\mathbf{A}}\right\|_{\mathbb{W},1}$$

$$\leq \left\|\tilde{L} - \alpha^\top \tilde{\mathbf{A}}\right\|_{\mathbb{W},\infty} \cdot f_{LTV}^{\mathbb{W}}(\alpha),$$

woraus folgt

$$f_{LSCF}^{\mathbb{W}}(\alpha) \leq f_{QSCF}^{\mathbb{W}}(\alpha)$$

$$\leq \sqrt{\frac{\lambda_{\max}^{SCF,L}}{\lambda_{\min}^{TV,L}}} \cdot f_{QTV}^{\mathbb{W}}(\alpha)$$

$$\leq \sqrt{\frac{\lambda_{\max}^{SCF,L}}{\lambda_{\min}^{TV,L}}} \cdot \left\| \tilde{L} - \alpha^{\top}\tilde{\mathbf{A}} \right\|_{\mathbb{W},\infty} \cdot f_{LTV}^{\mathbb{W}}(\alpha).$$

Allerdings ist die Annahme der Beschränktheit von $\tilde{\mathbf{A}}$ und $\tilde{L}$ stark und falls erfüllt, würde der Faktor $\left\| \tilde{L} - \alpha^{\top}\tilde{\mathbf{A}} \right\|_{\mathbb{W},\infty}$ in realistischen Szenarien exorbitant groß ausfallen. Daher ist diese Abschätzung eher unbrauchbar, weswegen sie in Abbildung 5.1 nicht aufgeführt ist.

In Kapitel 8 analysiere ich das Konvergenzverhalten von Monte-Carlo Schätzern. Für die entsprechenden empirischen Zielfunktionen f_{QTV}^{n} und f_{LTV}^{n} lässt sich zeigen, dass für alle $\alpha \in \mathbb{R}^{m+1}$ gilt:

$$f_{QTV}^{n}(\alpha) \leq \sqrt{n} \cdot f_{LTV}^{n}(\alpha)$$

und damit

$$f_{LSCF}^{n}(\alpha) \leq \sqrt{\frac{\hat{\lambda}_{\max}^{SCF,L}}{\hat{\lambda}_{\min}^{TV,L}}} \cdot \sqrt{n} \cdot f_{LTV}^{n}(\alpha),$$

wobei $\hat{\lambda}_{\max}^{SCF,L}$ und $\hat{\lambda}_{\min}^{TV,L}$ kanonische Monte-Carlo Schätzer von $\lambda_{\max}^{SCF,L}$ und $\lambda_{\min}^{TV,L}$ bezeichnen. Die Größe des Vorfaktors hängt also von der Anzahl der Szenarien n und Konditionierung der empirischen Matrizen $\bar{Q}^{TVL}$ und $\bar{Q}^{TVL}$ ab.

Durch Zusammensetzung der Propositionen 5.3.3 und 5.3.4 erhält man Abbildung 5.1, in der alle Ungleichungen zusammengefasst sind. Allgemein lässt sich feststellen, dass abgesehen vom Vorteil des Terminal-Value-Matchings, sowohl die

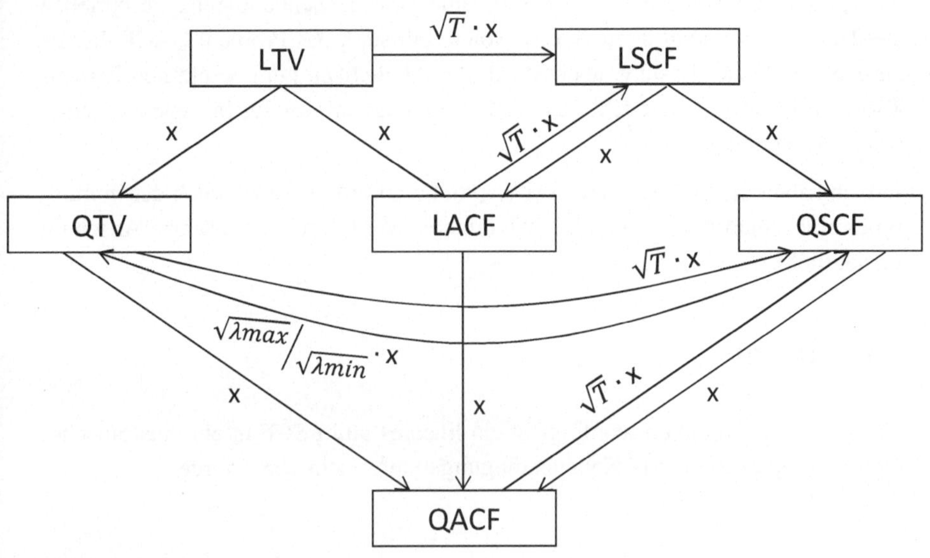

Abbildung 5.1: Zusammenhänge der Zielfunktionen basierend auf Propositionen 5.3.3 und 5.3.4: Ein Pfeil von A nach B mit der Beschriftung $h(x)$ hat die Bedeutung $A \leq h(B)$. Die Anordnung richtet sich (grob) nach der Größe des Funktionswerts, aufsteigend nach rechts und nach unten.

$\mathscr{L}^1(\mathbb{W})$-Norm gegenüber der $\mathscr{L}^2(\mathbb{W})$-Norm als auch das 2-Cash-Flow-Matching ($\|.\|_2$-Norm auf $\mathbb{R}^T$) gegenüber dem 1-Cash-Flow-Matching ($\|.\|_1$-Norm auf $\mathbb{R}^T$) im Vorteil ist.

Die bisherigen Erwägungen geben etwas Aufschluss über die Vor- und Nachteile der jeweiligen Zielfunktionen. Für eine klare Bekennung zu einer der Zielfunktionen reicht das jedoch nicht aus. Die Replikationsprobleme müssen daher noch aus anderen Blickwinkeln beleuchtet werden. Klar ist, dass auf Grund der $\mathscr{L}^1(\mathbb{W})$-Norm die Probleme LTV, LSCF und LACF kaum Möglichkeiten zur analytischen Untersuchung bieten. Anders verhält es sich bei den Problemen QTV und QSCF, die als quadratische Optimierungsprobleme ohne Nebenbedingung geschrieben werden können. Einen interessanten Sonderfall stellt das Problem QACF dar. Es hat keine explizite Lösung, aber wegen der Ähnlichkeit zum berühmten Fermat-Torricelli Problem (siehe z.B. Nam (2013)) genügend Struktur für eine mathematische Behandlung.

Jedoch haben die drei Probleme QTV, QSCF und QACF hinsichtlich des numerischen Rechenaufwands einen viel wichtigeren Vorteil, wie der nächste Abschnitt verdeutlicht.

5.4 Numerik

LTV und LACF können wie folgt in ein lineares und LSCF in ein quadratisches Optimierungsproblem mit Nebenbedingungen umgeschrieben werden.

$$\inf_{\alpha \in \mathbb{R}^{m+1}} f_{\mathrm{LTV}}^{\mathbb{W}}(\alpha) = \inf \mathbb{E}\left(X^+ + X^-\right)$$

$$\text{u.d.N.}$$

$$X^+ - X^- = \tilde{L} - \alpha^\top \tilde{\mathbf{A}}$$

$$X^+, X^- \geq 0$$

$$\inf_{\alpha \in \mathbb{R}^{m+1}} f_{\mathrm{LACF}}^{\mathbb{W}}(\alpha) = \inf \sum_{t=1}^{T} \mathbb{E}\left(X_t^+ + X_t^-\right)$$

$$\text{u.d.N.}$$

$$X_t^+ - X_t^- = \tilde{C}_t^L - \alpha^\top \tilde{\mathbf{C}}_t^A, \quad t \in \mathscr{T}$$

$$X_t^+, X_t^- \geq 0, \quad t \in \mathscr{T}$$

$$\inf_{\alpha \in \mathbb{R}^{m+1}} f_{\mathrm{LSCF}}^{\mathbb{W}}(\alpha) = \inf \sqrt{\sum_{t=1}^{T} \mathbb{E}\left(X_t^+ + X_t^-\right)^2}$$

u.d.N.

$$X_t^+ - X_t^- = \tilde{C}_t^L - \alpha^\top \tilde{\mathbf{C}}_t^A, \quad t \in \mathscr{T}$$

$$X_t^+, X_t^- \geq 0, \quad t \in \mathscr{T}$$

Damit lassen sich LTV und LACF nach Diskretisierung (bzw. Sampling) effizient durch das Simplex Verfahren lösen, während sich LSCF mittels einer SQP oder über eine Innere Punkte Methode gut lösen lässt.

Speziell für die Lösung des LACF Problems mit Nebenbedingungen untersuchen Adelmann u. a. (2016) sie drei numerische Verfahren (Simplex, Innere Punkte und Sifting). Als effizientestes Verfahren erweist sich dabei die Verwendung der Sifting Methode. Bei einer Anzahl von 52.000 Szenarien, 919 Finanzinstrumenten und einer vorgegebenen maximalen relativen Abweichung im Marktwert von $0,1\%$ in jedem Szenario erzielen sie eine Rechenzeit von unter drei Minuten.

Der Nachteil der Probleme LTV, LSCF und LACF ist, dass die Anzahl der Nebenbedingungen in einer Monte-Carlo Simulation in allen drei Problemen linear mit der Anzahl der erzeugten Szenarien wächst.

Dagegen lassen sich QTV und QSCF als quadratische Optimierungsprobleme ohne Nebenbedingungen schreiben.

$$\inf_{\alpha \in \mathbb{R}^{m+1}} f_{\mathrm{QTV}}^{\mathbb{W}}(\alpha) = \inf_{\alpha \in \mathbb{R}^{m+1}} \sqrt{\begin{pmatrix} 1 \\ -\alpha \end{pmatrix}^\top \mathbb{E}\left(Q^{\mathrm{TVL}}\right) \begin{pmatrix} 1 \\ -\alpha \end{pmatrix}},$$

$$\inf_{\alpha \in \mathbb{R}^{m+1}} f_{\mathrm{QSCF}}^{\mathbb{W}}(\alpha) = \inf_{\alpha \in \mathbb{R}^{m+1}} \sqrt{\begin{pmatrix} 1 \\ -\alpha \end{pmatrix}^\top \mathbb{E}\left(Q^{\mathrm{CFL}}\right) \begin{pmatrix} 1 \\ -\alpha \end{pmatrix}}.$$

Die beiden Probleme reduzieren sich damit auf ein Gleichungssystem mit $m+1$ Gleichungen, welches schnell über eine LU-, QR- oder Cholesky-Zerlegung mit einem Rechenaufwand der Größenordnung $O(m^3)$ gelöst werden kann. Insbesondere hängt der Rechenaufwand nur von der Anzahl der verwendeten Instrumente ab, nicht jedoch von der Anzahl der erzeugten Szenarien, was den beiden Problemen einen großen Vorteil gegenüber LTV, LSCF und LACF verschafft. In der Praxis sollte nicht mit mehr als 300 Instrumenten repliziert werden. Das Lösen einer solchen Anzahl an Gleichungen ist nach entsprechender Präkonditionierung numerisch gut zu bewältigen.

Die gleiche Feststellung trifft auch auf das QACF-Problem zu. Die folgende Proposition aus Natolski u. Werner (2017b) zeigt, dass es sich als lineares Second Order Cone Program (SOCP) schreiben lässt, wobei die Anzahl der Nebenbedingungen nicht von der Anzahl der erzeugten Szenarien abhängt.

Proposition 5.4.1

Sei

$$E_t^{CFL} := \mathbb{E}\left(\begin{pmatrix} \tilde{C}_t^L \\ \tilde{C}_t^A \end{pmatrix} \begin{pmatrix} \tilde{C}_t^L \\ \tilde{C}_t^A \end{pmatrix}^\top \right), \quad t \in \mathscr{T}$$

und $R_t^{CFL} \in \mathbb{R}^{(m+1)\times(m+1)}$ die Cholesky-Zerlegung von E_t^{CFL} für jedes t.

Dann kann das QACF-Problem geschrieben werden als

$$\min_{\substack{\alpha \in \mathbb{R}^{m+1} \\ \gamma \in \mathbb{R}^T}} \sum_{t=1}^{T} \gamma_t$$

u.d.N.

$$\left\| R_t^{CFL} \begin{pmatrix} 1 \\ -\alpha \end{pmatrix} \right\|_2 \leq \gamma_t, \quad t \in \mathscr{T}.$$

Beweis. Betrachtet man das ursprüngliche Problem

$$\min_{\alpha \in \mathbb{R}^{m+1}} \sum_{t=1}^{T} \varphi_t(\alpha)$$

und führt für jeden Summanden eine Hilfsvariable $\gamma_t \in \mathbb{R}$ ein, erhält man die äquivalente Darstellung

$$\min_{\substack{\alpha \in \mathbb{R}^{m+1} \\ \gamma \in \mathbb{R}^T}} \sum_{t=1}^{T} \gamma_t$$

u.d.N.

$$\varphi_t(\alpha) \leq \gamma_t, \quad t = 1 \in \mathscr{T}.$$

Nun gilt aber

$$\varphi_t(\alpha) = \left\| \tilde{C}_t^L - \alpha^\top \tilde{\mathbf{C}}_t^A \right\|_{\mathbb{W},2} = \left[\left\| \tilde{C}_t^L - \alpha^\top \tilde{\mathbf{C}}_t^A \right\|_{\mathbb{W},2}^2 \right]^{\frac{1}{2}}$$

$$= \left[\begin{pmatrix} 1 \\ -\alpha \end{pmatrix}^\top \mathbb{E}\left[\begin{pmatrix} \tilde{C}_t^L \\ \tilde{\mathbf{C}}_t^A \end{pmatrix} \begin{pmatrix} \tilde{C}_t^L \\ \tilde{\mathbf{C}}_t^A \end{pmatrix}^\top \right] \begin{pmatrix} 1 \\ -\alpha \end{pmatrix} \right]^{\frac{1}{2}}$$

$$= \left[\begin{pmatrix} 1 \\ -\alpha \end{pmatrix}^\top Q_t^{\mathrm{SCF}} \begin{pmatrix} 1 \\ -\alpha \end{pmatrix} \right]^{\frac{1}{2}}$$

$$= \left\| R_t^{\mathrm{CFL}} \begin{pmatrix} 1 \\ -\alpha \end{pmatrix} \right\|_2$$

und es entsteht ein lineares SOCP

$$\min_{\substack{\alpha \in \mathbb{R}^{m+1} \\ \gamma \in \mathbb{R}^T}} \sum_{t=1}^{T} \gamma_t$$

u.d.N.

$$\left\| R_t^{\mathrm{CFL}} \begin{pmatrix} 1 \\ -\alpha \end{pmatrix} \right\|_2 \leq \gamma_t, \quad t \in \mathscr{T}. \qquad \square$$

Effiziente Lösungsverfahren für lineare SOCPs, wie die primal-duale Innere-Punkte-Methode werden z.B. in Alizadeh u. Goldfarb (2003) erörtert. Der Rechenaufwand steigt typischerweise mit der Größenordnung $O(m^{3,5})$ (vgl. Nesterov u. Todd (1998)) und damit nur unwesentlich schneller als für die Probleme QTV und QSCF.

Insgesamt kann man also festhalten, dass QTV, QSCF und QACF einen klaren Vorzug gegenüber LTV, LSCF und LACF haben, da der Rechenaufwand mit der Anzahl der erzeugten Szenarien nicht steigt. Es ist allerdings Vorsicht geboten, wenn die Anzahl der Replikationsinstrumente steigt. Hier liegt der Vorteil bei den Problemen LTV und LACF, da der Rechenaufwand des Simplex Verfahrens tendenziell langsamer als $O(m^3)$ steigt. Versucht man also die Replikation gleichzeitig durch Hinzufügen von Replikationsinstrumenten zu verbessern, hängt das numerisch effizienteste Replikationsproblem von der relativen Erhöhung der Anzahl von Instrumenten im Vergleich zur Anzahl der Szenarien in der Optimierung ab. In Beutner u. a. (2015) wird das optimale Verhältnis im QTV-Problem hergeleitet. Es hängt maßgeblich von den Annahmen an den Finanzmarkt ab. Das ideale Verhältnis kann im Einzelfall unterschiedlich sein. Im Regelfall scheint eine schnellere Erhöhung der Szenarienanzahl besser zu sein.

Grundsätzlich werden in der Praxis deutlich mehr Szenarien als Replikationsinstrumente in der Optimierung verwendet. Für eine feste und in der Praxis übliche Anzahl von Instrumenten sind daher die Probleme QTV, QSCF und QACF zu bevorzugen. Somit lohnt sich eine genauere Untersuchung dieser drei Probleme. Da sie zudem alle auf der $\mathscr{L}^2$-Norm basieren, bieten sie günstige Bedingungen für analytische Mathematik. In Kapiteln 6 und 7 betrachte ich die drei Probleme aus analytischer Sicht und decke deren Unterschiede und Zusammenhänge im Hinblick auf das resultierende Replikationsportfolio auf. Ziel ist es weitere Vor- und Nachteile der Probleme herauszuarbeiten.

6 Eigenschaften der Probleme QTV, QSCF und QACF

Um ein besseres Verständnis für die Unterschiede der drei verschiedenen Replikationsprobleme zu erlangen, ist es hilfreich deren Lösungen auf Existenz und Eindeutigkeit und weitere Eigenschaften zu untersuchen. Im Folgenden wird angenommen, dass die σ-Algebra $\mathscr{F}_0$ nur fast-sichere Ereignisse enthält. Ich beginne wie üblich mit der Frage nach Existenz und Eindeutigkeit. Alle in diesem Kapitel präsentierten Ergebnisse sind aus Natolski u. Werner (2014) und Natolski u. Werner (2017b) entnommen.

6.1 Existenz und Eindeutigkeit der Lösungen

Da QTV und QSCF Probleme der kleinsten Quadrate sind, ist hier die Antwort schnell gefunden. Für das QACF-Problem ist etwas mehr Arbeit erforderlich.

Es seien folgende zufällige symmetrische positiv-semidefinite Matrizen definiert:

$$Q^{\mathrm{TV}} := \tilde{\mathbf{A}} \left(\tilde{\mathbf{A}} \right)^{\top},$$

$$Q^{\mathrm{SCF}} := \sum_{t=1}^{T} \left[(\tilde{\mathbf{C}}_t^A) \, (\tilde{\mathbf{C}}_t^A)^{\top} \right].$$

Ich bezeichne mit Q^+ die Moore-Penrose Inverse für beliebiges $Q \in \mathbb{R}^{(m+1)\times(m+1)}$. Sie stimmt mit der klassischen Inversen überein sofern diese existiert (siehe Stoer u. Bulirsch (2002, S. 243-247)).

Satz 6.1.1 (Existenz und Eindeutigkeit QTV und QSCF)
Die Probleme QTV und QSCF haben jeweils die Lösungen

$$\alpha_{QTV} = \mathbb{E}\left(Q^{TV}\right)^+ \mathbb{E}\left(\tilde{\mathbf{A}}\tilde{L}\right),$$

$$\alpha_{QSCF} = \mathbb{E}\left(Q^{SCF}\right)^+ \mathbb{E}\left(\sum_{t=1}^{T} \tilde{\mathbf{C}}_t^A \tilde{C}_t^L\right).$$

Außerdem gilt

$$\alpha_{QTV} \text{ ist eindeutige Lösung} \iff \nexists u \in \mathbb{R}^{m+1} : u^\top \tilde{\mathbf{A}} = 0 \tag{6.1}$$

$$\alpha_{QSCF} \text{ ist eindeutige Lösung} \iff \nexists u \in \mathbb{R}^{m+1} : \forall t \in \mathscr{T} \quad u^\top \tilde{\mathbf{C}}_t^A = 0. \tag{6.2}$$

Ist α_{QTV} bzw. α_{QSCF} eindeutig, dann haben sie jeweils die Form

$$\alpha_{QTV} = \mathbb{E}\left(Q^{TV}\right)^{-1} \mathbb{E}\left(\tilde{\mathbf{A}}\tilde{L}\right),$$

$$\alpha_{QSCF} = \mathbb{E}\left(Q^{SCF}\right)^{-1} \mathbb{E}\left(\sum_{t=1}^{T} \tilde{C}_t^A \tilde{C}_t^L\right).$$

Bemerkung 6.1.2

Offenbar gilt (6.1) $\Rightarrow$ (6.2). Die Eindeutigkeit der Lösung zum QTV-Problem impliziert also sofort Selbiges für das QSCF-Problem.

Lineare Abhängigkeit der Cash-Flows ist gleichbedeutend mit dem Vorhandensein redundanter Anlagen. Kann man den aufsummierten Cash-Flow einer Anlage durch geeignete Linearkombination aus anderen Finanzinstrumenten exakt nachbilden ($u^\top \tilde{\mathbf{A}} = 0$), ist diese Anlage redundant und sollte in einer Replikation nicht einbezogen werden. Die Forderung für die Eindeutigkeit im QSCF-Problem ist sogar noch schwächer. Hier darf es keine statische Linearkombination geben, die in jedem Zeitpunkt den Cash-Flow einer Anlage nachbildet. Eine solche Anlage sollte offensichtlich nicht in einer Replikation verwendet werden.

Beweis. Wie in Abschnitt 5.4 bereits erwähnt, lassen sich die Probleme QTV und QSCF in quadratische Optimierungsprobleme umschreiben, denn

$$f_{\mathrm{QTV}}^{\mathbb{W}}(\alpha) = \sqrt{\alpha^\top \mathbb{E}\left(Q^{\mathrm{TV}}\right)\alpha - 2\alpha^\top \mathbb{E}\left(\tilde{\mathbf{A}}\tilde{L}\right) + \mathbb{E}\left(\left(\tilde{L}\right)^2\right)},$$

$$f_{\mathrm{QSCF}}^{\mathbb{W}}(\alpha) = \sqrt{\alpha^\top \mathbb{E}\left(Q^{\mathrm{SCF}}\right)\alpha - 2\alpha^\top \mathbb{E}\left(\sum_{t=1}^{T} \tilde{C}_t^A \tilde{C}_t^L\right) + \mathbb{E}\left(\sum_{t=1}^{T} \left(\tilde{C}_t^L\right)^2\right)}.$$

Die Form der Lösungen folgt damit aus Gallier (2011, S. 420).

Die Äquivalenzaussage zur Eindeutigkeit folgt aus der Beobachtung, dass

$$\mathbb{E}\left(Q^{\mathrm{TV}}\right) \text{ positiv-definit} \iff \nexists u \in \mathbb{R}^{(m+1)} : u^\top \tilde{\mathbf{A}} = 0$$

$$\mathbb{E}\left(Q^{\mathrm{SCF}}\right) \text{ positiv-definit} \iff \nexists u \in \mathbb{R}^{(m+1)} : \forall t \in \mathscr{T} \quad u^\top \tilde{\mathbf{C}}_t^A = 0$$

und wieder aus Gallier (2011, S. 413–414).

Der Ausdruck bei Eindeutigkeit folgt direkt aus der Tatsache, dass die Moore-Penrose Inverse einer Matrix Q gleich der Inversen ist, sobald Q invertierbar ist (vgl. Stoer u. Bulirsch (2002, S. 243)). $\qquad\square$

Da es im Allgemeinen wenig sinnvoll ist redundante Anlagen in der Replizierung zu verwenden, wird folgende Annahme gemacht, welche ab diesem Abschnitt immer vorausgesetzt werden.

Annahme 2
Die Matrix $\mathbb{E}\left(Q^{SCF}\right)$ ist positiv-definit.

Annahme 3
Die Matrix $\mathbb{E}\left(Q^{TV}\right)$ ist positiv-definit.

Bemerkung 6.1.3

1. *Aus dem Beweis des Satzes 6.1.1 geht hervor, dass die Annahmen 2 und 3 jeweils äquivalent zu den Eindeutigkeitsbedingungen für die Lösungen des QSCF- und des QTV-Problems sind.*

2. *Aus Bemerkung 6.1.2 folgt, dass Annahme 3 Annahme 2 impliziert. Hat also das QTV-Problem eine eindeutige Lösung, so ist auch die Lösung des QSCF-Problems eindeutig. Umgekehrt muss dies nicht der Fall sein.*

Es bleibt die Aussage für das QACF-Problem. Hier ist etwas mehr Arbeit erforderlich. Um die Notation abzukürzen, definiere ich hilfsweise die Funktionen

$$\varphi(\alpha) := \sum_{t=1}^{T} \varphi_t(\alpha), \text{ mit}$$

$$\varphi_t(\alpha) := \left[\mathbb{E}\left(\left[\tilde{C}_t^L - \alpha^\top \tilde{\mathbf{C}}_t^A \right]^2 \,\middle|\, \mathscr{F}_0 \right) \right]^{\frac{1}{2}} = \Big\| \underbrace{\tilde{C}_t^L - \alpha^\top \tilde{\mathbf{C}}_t^A}_{=: \varepsilon_t(\alpha)} \Big\|_{\mathbb{W},2},$$

sodass QACF zu

$$\inf_{\alpha \in \mathbb{R}^{m+1}} \varphi(\alpha)$$

umformuliert werden kann.

Offensichtlich ist für jedes $t \in \mathscr{T}$ die Funktion φ_t (und damit auch die Zielfunktion φ) konvex auf dem gesamten Raum $\mathbb{R}^{m+1}$. Zudem ist jedes φ_t endlich auf $\mathbb{R}^{m+1}$ und somit (lokal Lipschitz-) stetig. Die Richtungsableitungen der Funktionen in Richtung $\mathbf{d}$ sind gegeben durch

$$\varphi'(\alpha, \mathbf{d}) = \sum_{t=1}^{T} \varphi_t'(\alpha, \mathbf{d}), \text{ mit}$$

$$\varphi_t'(\alpha, \mathbf{d}) := \begin{cases} \big\| \mathbf{d}^\top \tilde{\mathbf{C}}_t^A \big\|_{\mathbb{W},2}, & \text{falls } \varphi_t(\alpha) = 0. \\[2ex] \dfrac{\mathbb{E}\left(-\varepsilon_t(\alpha) \cdot \mathbf{d}^\top \tilde{\mathbf{C}}_t^A \,\middle|\, \mathscr{F}_0 \right)}{\| \varepsilon_t(\alpha) \|_{\mathbb{W},2}} = \mathbf{d}^\top \nabla \varphi(\alpha), & \text{sonst.} \end{cases}$$

Ist φ_t is differenzierbar, gilt

$$\nabla \varphi_t(\alpha) = \frac{\mathbb{E}\left(-\varepsilon_t(\alpha) \cdot \tilde{\mathbf{C}}_t^A \,\middle|\, \mathscr{F}_0 \right)}{\| \varepsilon_t(\alpha) \|_{\mathbb{W},2}}.$$

Ist φ_t (stetig) differenzierbar in einem Punkt α, so ist es auch zweimal differenzierbar an der Stelle mit Hesse Matrix

$$\nabla^2 \varphi_t(\alpha) = \frac{\|\varepsilon_t(\alpha)\|_{\mathrm{W},2}^2 \, \mathbb{E}\left(\tilde{\mathbf{C}}_t^A \left(\tilde{\mathbf{C}}_t^A\right)^\top\right) - \mathbb{E}\left(\varepsilon_t(\alpha) \cdot \tilde{\mathbf{C}}_t^A\right)\left(\mathbb{E}\left(\varepsilon_t(\alpha) \cdot \tilde{\mathbf{C}}_t^A\right)\right)^\top}{\|\varepsilon_t(\alpha)\|_{\mathrm{W},2}^3}.$$

$$(6.3)$$

Da φ_t konvex ist, muss die Hesse Matrix $\nabla^2 \varphi_t(\alpha)$ positiv-semidefinit sein. Leider kann man nicht von positiver Definitheit ausgehen, weil $\mathbb{E}\left(\tilde{\mathbf{C}}_t^A \left(\tilde{\mathbf{C}}_t^A\right)^\top\right)$ möglicherweise keinen vollen Rang hat.

Satz 6.1.4 (Existenz QACF)
Unter Annahme 2 besitzt QACF mindestens eine Lösung α_{QACF}.

Beweis. Wie bereits bekannt, ist φ konvex und stetig. Außerdem ist φ koerziv[1]. Um das einzusehen, sei $\lambda_{\min}^{\mathrm{SCF}}$ der kleinste Eigenwert der Matrix $\mathbb{E}\left(Q^{\mathrm{SCF}}\right)$. Wegen Annahme 2 ist $\lambda_{\min}^{\mathrm{SCF}} > 0$ und es gilt

$$\lambda_{\min}^{\mathrm{SCF}} \|\alpha\|_2 \leq \sqrt{\lambda_{\min}^{\mathrm{SCF}} \cdot \alpha^\top \mathbb{E}\left(Q^{\mathrm{SCF}}\right)\alpha} = \sqrt{\lambda_{\min}^{\mathrm{SCF}}} \cdot \mathbb{E}\left(\sum_{t=1}^T \left[\alpha^\top \tilde{\mathbf{C}}_t^A\right]^2 \,\middle|\, \mathscr{F}_0\right)^{\frac{1}{2}}.$$

Aus der Ungleichung von Minkowski folgt

$$\left[\mathbb{E}\left(\sum_{t=1}^T \left[\alpha^\top \tilde{\mathbf{C}}_t^A\right]^2 \,\middle|\, \mathscr{F}_0\right)\right]^{\frac{1}{2}} \leq \left[\mathbb{E}\left(\sum_{t=1}^T \left[\alpha^\top \tilde{\mathbf{C}}_t^A - \tilde{C}_t^L\right]^2 \,\middle|\, \mathscr{F}_0\right)\right]^{\frac{1}{2}}$$

$$+ \left[\mathbb{E}\left(\sum_{t=1}^T \left[\tilde{C}_t^L\right]^2 \,\middle|\, \mathscr{F}_0\right)\right]^{\frac{1}{2}}$$

$$= f_{\mathrm{QSCF}}^{\mathrm{W}}(\alpha) + f_{\mathrm{QSCF}}^{\mathrm{W}}(\mathbf{0}).$$

und aus Proposition 5.3.3 weiß man

$$f_{\mathrm{QSCF}}^{\mathrm{W}}(\alpha) \leq \varphi(\alpha), \quad \forall \alpha \in \mathbb{R}^{m+1}.$$

---

1 Eine Funktion $f : \mathbb{R}^m \mapsto \mathbb{R}$ heißt koerziv genau dann wenn $f(x) \to +\infty$ falls $\|x\| \to \infty$.

Insgesamt erhält man also

$$\lambda_{\min}^{\text{SCF}} \|\alpha\|_2 \leq \sqrt{\lambda_{\min}^{\text{SCF}} \cdot (\varphi(\alpha) + \varphi(\mathbf{0}))}, \tag{6.4}$$

woraus folgt

$$\|\alpha\|_2 \to \infty \implies \varphi(\alpha) \to \infty.$$

Als stetige, konvexe und koerzive Funktion, nimmt φ ein Minimum an und der Beweis ist vollständig. $\qquad\square$

Um Eindeutigkeit der Lösung α_{QACF} zu beweisen beginne ich mit einer zusätzlichen Annahme.

Annahme 4

$$\forall \alpha \in \mathbb{R}^{m+1} : \min_{t \in \mathscr{T}} \varphi_t(\alpha) > 0$$

Mit anderen Worten, zu keinem Zeitpunkt t kann ein Liability Cash-Flow $\tilde{C}_t^L$ durch ein Portfolio aus Finanzinstrumenten nachgebildet werden.

Bemerkung 6.1.5
Annahme 4 ist in der Praxis normalerweise erfüllt, da jeder Liability Cash-Flow von nicht absicherbaren Risiken abhängt (Sterblichkeit, Storno). Jedoch existieren Modelle in denen die Liability Cash-Flows vorhersehbar sind, wie das Modell von Grosen u. Jørgensen (2000). In diesem Fall ist Annahme 4 nicht erfüllt, da der erste Liability Cash-Flow $\tilde{C}_1^L$ nicht stochastisch ist und damit leicht durch Anleihen nachgebildet werden kann.

Mit dieser Annahme ist Eindeutigkeit leicht gezeigt und es lassen sich sogar noch zusätzliche Eigenschaften der Zielfunktion φ nachweisen. Diese werden nützlich sein um später Erkenntnisse über den Rechenaufwand der Lösung zu gewinnen.

Satz 6.1.6 (Eindeutigkeit QACF I)

Unter Annahmen 2 und 4 ist die Zielfunktion φ streng konvex und zweimal stetig differenzierbar. Darüber hinaus ist sie stark und gleichmäßig konvex auf jeder kompakten Teilmenge von $\mathbb{R}^{m+1}$. Insbesondere ist das globale Minimum von φ eindeutig.

Beweis. Sei $\alpha \in \mathbb{R}^{m+1}$ beliebig. Da für jedes t φ_t zweimal stetig differenzierbar ist, existiert die Hesse Matrix $\nabla^2 \varphi_t(\alpha)$ (cf. (6.3)). Aus positiver Semidefinitheit von $\nabla^2 \varphi_t$ folgt

$$\forall t \in \mathscr{T}, \forall \mathbf{y} \in \mathbb{R}^{m+1}: \quad \mathbf{y}^\top \mathbb{E}\left(\varepsilon_t(\alpha) \cdot \tilde{\mathbf{C}}_t^A\right) \mathbb{E}\left(\tilde{\mathbf{C}}_t^A \cdot \varepsilon_t(\alpha)\right)^\top \mathbf{y}$$
$$\leq \|\varepsilon_t(\alpha)\|_{\mathbb{W},2}^2 \, \mathbf{y}^\top \mathbb{E}\left(\tilde{\mathbf{C}}_t^A \left(\tilde{\mathbf{C}}_t^A\right)^\top\right) \mathbf{y}. \qquad (6.5)$$

Da φ_t nicht Null ist für jedes t, ist $\varepsilon_t(\alpha) \neq 0$ für alle t.

Auf Grund der Cauchy-Schwarz Ungleichung gilt, dass diese Ungleichung für t strikt ist genau dann wenn $\mathbf{y}^\top \tilde{\mathbf{C}}_t^A \neq 0$ und $\varepsilon_t(\alpha)$ nicht kollinear zu $\mathbf{y}^\top \tilde{\mathbf{C}}_t^A$ ist. Wegen Annahme 2 existiert für alle $\mathbf{y} \neq 0$ mindestens ein t_0 sodass $\mathbf{y}^\top \tilde{\mathbf{C}}_{t_0}^A \neq 0$.

Angenommen $\varepsilon_{t_0}(\alpha)$ sei kollinear zu $\mathbf{y}^\top \tilde{\mathbf{C}}_{t_0}^A$, d.h. es sei angenommen

$$\exists \lambda_0 \in \mathbb{R}: \ \lambda_0 \mathbf{y}^\top \tilde{\mathbf{C}}_{t_0}^A = \varepsilon_{t_0}(\alpha).$$

Per Definition von ε_t ist das äquivalent zu

$$\tilde{C}_{t_0}^L = (\lambda_0 \mathbf{y} + \alpha)^\top \tilde{\mathbf{C}}_{t_0}^A.$$

Das würde bedeuten, dass der Liability Cash-Flow zum Zeitpunkt t_0 perfekt repliziert werden kann im Widerspruch zu Annahme 4.

Daher kann $\varepsilon_{t_0}(\alpha)$ nicht kollinear zu $\mathbf{y}^\top \tilde{\mathbf{C}}_{t_0}^A$ sein und Ungleichung (6.5) ist strikt für jedes $\mathbf{y} \neq 0$. Somit ist die Hesse Matrix von φ positiv-definit und da α beliebig war, ist φ streng konvex. Die restlichen Aussagen sind einfache Folgerungen. $\quad\square$

Auch im allgemeineren Fall, ohne Annahme 4, ist es möglich die Eindeutigkeit von α_{QACF} zu beweisen. Allerdings kann man keine strenge Konvexität mehr erwarten, da das Problem dann degeneriert ist. Satz 6.1.7 ist weniger praxisrelevant als ein theoretisches Resultat zur Verallgemeinerung der Aussage, da Annahme 4 im Normalfall erfüllt ist.

Satz 6.1.7 (Eindeutigkeit QACF II)
Unter Annahme 2 ist das globale Minimum von φ eindeutig.

Beweis. Angenommen φ besäße (mindestens) zwei verschiedene Minima, α_1 und α_2. Wegen Konvexität ist der Mittelpunkt

$$\alpha := \frac{1}{2}(\alpha_1 + \alpha_2)$$

ebenfalls ein Minimum. Damit muss die Richtungsableitung $\varphi'(\alpha, \mathbf{d})$ in alle Richtungen $\mathbf{d}$ gleich Null sein, unter anderem in Richtung $\mathbf{h} := \alpha - \alpha_1$.

Da φ Summe von konvexen Funktionen φ_t ist, kann α nur dann optimal sein, wenn alle Summanden φ_t linear in Richtung $\mathbf{h}$ sind (siehe z.B. Nam (2013)).

Ist $\varphi_t(\alpha) = 0$, muss auch $\varphi_t(\alpha_1) = 0 = \varphi_t(\alpha_2)$ gelten. Andernfalls wäre das ein Widerspruch zur Optimalität von α_1 und α_2. Aus $\varphi_t(\alpha_1) = 0 = \varphi_t(\alpha_2)$ folgt, dass $0 = \mathbf{h}^\top \tilde{\mathbf{C}}_t^A$.

Ist dagegen $\varphi_t(\alpha) > 0$, so muss die zweite Ableitung in Richtung $\mathbf{h}$ wegen Linearität verschwinden. Das kann nur der Fall sein, wenn entweder $0 = \mathbf{h}^\top \tilde{\mathbf{C}}_t^A$ oder $\mathbf{h}^\top \tilde{\mathbf{C}}_t^A$ kollinear zu $\varepsilon_t(\alpha)$ ist. Im ersten Fall verschwindet die Richtungsableitung, wogegen im zweiten Fall

$$\varphi_t'(\alpha, \mathbf{h}) = |\lambda_0| \, \|\varepsilon_t(\alpha)\|_{\mathrm{W},2} > 0$$

für ein $\lambda_0 \neq 0$ gilt.

In jedem Fall gilt also $\varphi_t'(\alpha, \mathbf{h}) \geq 0$ für alle $t \in \mathcal{T}$. Gleichzeitig gilt wegen Optimalität von α, dass $\sum_{t \in \mathcal{T}} \varphi_t'(\alpha, \mathbf{h}) = 0$ und damit folgt $\varphi_t'(\alpha, \mathbf{h}) = 0$ für alle $t \in \mathcal{T}$. Also bleibt die Schlussfolgerung $0 = \mathbf{h}^\top \tilde{\mathbf{C}}_t^A$ für alle t. Dies steht jedoch im Widerspruch zu Annahme 2 wonach mindestens ein t_0 existiert, sodass $0 \neq \mathbf{h}^\top \tilde{\mathbf{C}}_{t_0}^A$. $\qquad\square$

Im allgemeinen Fall ohne Annahme 4 können keine Optimierungsverfahren erster oder zweiter Ordnung verwendet werden um QACF zu lösen, weil die Funktion φ möglicherweise nicht-glatte Stellen besitzt. Jedoch habe ich in Abschnitt 5.4 gezeigt, dass das Problem zu einem SOCP umformuliert und damit das Problem mangelnder Glattheit umgangen werden kann.

6.2 Faire Preise

Eine weitere interessante Eigenschaft replizierender Portfolios ist die Frage, ob deren fairer Wert zum heutigen Zeitpunkt dem fairen Wert der Liability Cash-Flows entspricht. Naheliegend ist, dass nur Replikation unter dem risikoneutralen Maß $\mathbb{Q}$ eine positive Antwort vorweisen kann, solange keine Nebenbedingungen eingeführt werden.

Die Probleme QTV und QSCF sind leicht zu handhaben. Mithilfe der expliziten Lösungsformeln lassen sich schnell Aussagen über die fairen Preise der Optimallösungen treffen. Interessanter ist der Fall QACF. Auf Grund der Verwandtschaft zum Fermat-Torricelli Problem wäre zu vermuten, dass der faire Wert allgemein nicht getroffen wird. Satz 6.2.1 widerspricht dieser Vermutung.

Proposition 6.2.1
Bei Replikation unter $\mathbb{W} = \mathbb{Q}$ ist der faire Preis der Optimallösungen α_{QTV}, α_{QSCF} und α_{QACF} gleich dem fairen Preis der Cash-Flows der Liabilities, d.h.

$$\mathbb{E}^{\mathbb{Q}}\left(\alpha_R^\top \tilde{\mathbf{A}}\right) = \mathbb{E}^{\mathbb{Q}}\left(\tilde{L}\right), \quad R = QTV, QSCF, QACF \tag{6.6}$$

wenn jeweils folgende Bedingung erfüllt ist.

(QTV) $\exists\, \beta \in \mathbb{R}^{m+1}$:

$$\beta^\top \tilde{\mathbf{A}} = 1. \tag{6.7}$$

(QSCF) $\exists\, \beta \in \mathbb{R}^{m+1}$:

$$\beta^\top \tilde{\mathbf{C}}_t^A = 1, \quad \forall t \in \mathscr{T}. \tag{6.8}$$

(QACF) für beliebige $x_1, \ldots, x_T \in \mathbb{R}, \exists \beta \in \mathbb{R}^{m+1}$:

$$\beta^\top \tilde{C}_t^A = x_t, \quad \forall t \in \mathscr{T}. \tag{6.9}$$

Beweis.

1. Durch Anwenden des Gram-Schmidtschen Orthogonalisierungsverfahrens kann o.B.d.A. angenommen werden, dass $\tilde{A}_0, \ldots, \tilde{A}_m$ unkorreliert sind im Sinne der $\mathscr{L}^2$-Norm. Insbesondere existiert wegen (6.7) ein Portfolio β, sodass $\beta^\top \tilde{A} = 1$. Daher kann vorausgesetzt werden, dass $\tilde{A}_0 = 1$ und $\mathbb{E}\left(\tilde{A}_i\right) = 0$ für $i = 1, \ldots, m$. Ableiten der quadrierten Zielfunktion im QTV-Problem liefert die Optimalitätsbedingung

$$\sum_{i=0}^{m} \alpha_{\mathrm{QTV}}^i \mathbb{E}^{\mathbb{Q}}\left(\tilde{A}_i \tilde{A}_0\right) = \mathbb{E}^{\mathbb{Q}}\left(\tilde{L}\tilde{A}_0\right)$$

und damit

$$\mathbb{E}^{\mathbb{Q}}\left(\alpha_{\mathrm{QTV}}^\top \tilde{A}\right) = \sum_{i=0}^{m} \alpha_{\mathrm{QTV}}^i \mathbb{E}^{\mathbb{Q}}\left(\tilde{A}_i\right) = \mathbb{E}^{\mathbb{Q}}\left(\tilde{L}\right).$$

2. Die hinreichenden und notwendigen Optimalitätsbedingungen für das QSCF-Problem sind

$$\sum_{t=1}^{T}\sum_{i=0}^{m} \alpha_{\mathrm{QSCF}}^i \mathbb{E}^{\mathbb{Q}}\left(\tilde{C}_{i,t}^A \tilde{C}_{j,t}^A\right) = \sum_{t=1}^{T} \mathbb{E}^{\mathbb{Q}}\left(\tilde{C}_t^L \tilde{C}_{j,t}^A\right), \quad \forall j = 0, \ldots, m,$$

welche insbesondere die Gleichung

$$\sum_{j=0}^{m} \beta_j \sum_{t=1}^{T}\sum_{i=0}^{m} \alpha_{\mathrm{QSCF}}^i \mathbb{E}^{\mathbb{Q}}\left(\tilde{C}_{i,t}^A \tilde{C}_{j,t}^A\right) = \sum_{j=0}^{m} \beta_j \sum_{t=1}^{T} \mathbb{E}^{\mathbb{Q}}\left(\tilde{C}_t^L \tilde{C}_{j,t}^A\right)$$

für β wie in (6.8) implizieren.

Unter Verwendung der Eigenschaft eines solchen β erhält man

$$\sum_{t=1}^{T} \sum_{i=0}^{m} \alpha_{\mathrm{QSCF}}^{i} \mathbb{E}^{\mathbb{Q}} \left(\tilde{C}_{i,t}^{A} \right) = \sum_{t=1}^{T} \mathbb{E}^{\mathbb{Q}} \left(\tilde{C}_{t}^{L} \right)$$

$$\Updownarrow$$

$$\mathbb{E}^{\mathbb{Q}} \left(\alpha_{\mathrm{QSCF}}^{\top} \tilde{\mathbf{A}} \right) = \mathbb{E}^{\mathbb{Q}} \left(\tilde{L} \right).$$

3. Schließlich, sei angenommen (6.9) ist erfüllt. Äquivalent dazu gibt es für beliebiges $\bar{t} \in \mathscr{T}$ ein $\beta_{\bar{t}} \in \mathbb{R}^{m+1}$ mit

$$\beta_{\bar{t}}^{\top} \tilde{\mathbf{C}}_{t}^{A} = \begin{cases} 1, & t = \bar{t} \\ 0, & t \neq \bar{t} \end{cases}.$$

Betrachtet man nun die Richtungsableitung der Zielfunktion im QACF-Problem so verschwinden alle bis auf den $\bar{t}$-ten Summanden.

$$\frac{d}{d\lambda} \sum_{t=1}^{T} \left[\mathbb{E}^{\mathbb{Q}} \left(\left[\tilde{C}_{t}^{L} - (\alpha + \lambda \beta_{\bar{t}})^{\top} \tilde{C}_{t}^{A} \right]^{2} \right) \right]^{\frac{1}{2}}$$

$$= \frac{d}{d\lambda} \left[\mathbb{E}^{\mathbb{Q}} \left(\left[\tilde{C}_{\bar{t}}^{L} - (\alpha + \lambda \beta_{\bar{t}})^{\top} \tilde{C}_{\bar{t}}^{A} \right]^{2} \right) \right]^{\frac{1}{2}},$$

womit man zum bekannten linearen Problem der kleinsten Quadrate gelangt. Eine Optimalitätsbedingung für α_{QACF} ist also gegeben durch

$$\frac{d}{d\lambda} \mathbb{E}^{\mathbb{Q}} \left(\left[\tilde{C}_{\bar{t}}^{L} - (\alpha_{\mathrm{QACF}} + \lambda \beta_{\bar{t}})^{\top} \tilde{C}_{\bar{t}}^{A} \right]^{2} \right) \Bigg|_{\lambda = 0} = 0$$

$$\Updownarrow$$

$$\mathbb{E}^{\mathbb{Q}} \left(\tilde{C}_{\bar{t}}^{L} - \alpha_{\mathrm{QACF}}^{\top} \tilde{C}_{\bar{t}}^{A} \right) = 0.$$

Da $\bar{t} \in \mathscr{T}$ beliebig war zeigt das sogar, dass der faire Preis jedes Cash-Flows gleich ist. Insbesondere gilt damit natürlich auch (6.6).

$$\square$$

Bemerkung 6.2.2

1. *Die Gleichheit der fairen Werte lässt sich offensichtlich nur unter dem Maß $\mathbb{Q}$ zeigen. Allgemein folgt aus den Optimalitätsbedingungen, dass das erste Moment bezüglich des in der Zielfunktion verwendeten Maßes $\mathbb{W}$ getroffen wird.*

2. *Die Voraussetzung in Proposition 6.2.1 wird vom QTV- über das QSCF- zum QACF-Problem offenbar stärker. Jedoch kann selbst die Existenz eines Portfolios β wie in (6.9) leicht erfüllt werden. Steht für beliebige Fälligkeit eine Call Option auf den Numéraire mit Ausübungspreis Null als Replikationsinstrument zur Verfügung, so lässt sich ein Portfolio erstellen, das zu jedem Zeitpunkt ein beliebiges Vielfaches des Numéraires auszahlt. Abdiskontiert erhält man damit beliebige konstante Beträge und damit (6.9). Ist also beispielsweise das Geldmarktkonto oder auch die nutzenoptimale Handelsstrategie aus Abschnitt 5.1 der Numéraire, so ist die Bedingung erfüllt.*

3. *Voraussetzung (6.9) ist mit Annahme 3, also mit der Invertierbarkeit der Matrix $\mathbb{E}\left(Q^{QTV}\right)$ unvereinbar. Der Terminal Value eines Portfolios welches beispielsweise -1 in $t = 1$ und $+1$ in $t = 2$ auszahlt ist Null. Aus der Perspektive des Terminal-Value-Matchings sind dementsprechend redundante Anlagen vorhanden. Je nach Wahl des Replikationsproblems ist eine andere Wahl der Replikationsinstrumente erforderlich. Insbesondere sollten beim Terminal-Value-Matching deutlich weniger Instrumente herangezogen werden.*

4. *Der Beweis der Proposition 6.2.1 offenbart, dass im QACF-Problem unter der Bedingung (6.9) der faire Preis jedes Cash-Flows getroffen wird. Analog lässt sich das auch für das QSCF-Problem zeigen.*

Die Aussage von Proposition 6.2.1 stellt einen Vorteil von QTV, QSCF und QACF gegenüber den Problemen LTV, LSCF und LACF dar. Repliziert man in der $\mathscr{L}^1$-Norm, ist Gleichheit der fairen Werte nicht gegeben. Andererseits lässt sich dies leicht durch Hinzufügen einer zusätzlichen Nebenbedingung ändern. Da sie ohnehin lineare bzw. quadratische Probleme mit Nebenbedingungen sind, verschlechtert das Hinzufügen nicht die Komplexität der Probleme.

Um ein besseres Verständnis der Unterschiede zwischen den drei Problemen zu gewinnen, wende ich mich nun den Zusammenhängen der Replikationsprobleme zu. Was genau ist der Unterschied zwischen den Problemen und welche Auswirkung hat das auf die Replikationsportfolios?

7 Zusammenhänge der Probleme QTV, QSCF und QACF

Die in diesem Kapitel präsentierten Ergebnisse findet man in Natolski u. Werner (2014). Ich beginne mit dem Vergleich zwischen QTV und QSCF. Hier lässt sich der Zusammenhang durch simultane Diagonalisierung explizit darstellen.

7.1 Simultane Diagonalisierung

Sowohl das QTV- als auch das QSCF-Problem sind quadratische Optimierungsprobleme. Dabei bestimmen die bereits eingeführten Matrizen $\mathbb{E}\left(Q^{TV}\right)$ und $\mathbb{E}\left(Q^{SCF}\right)$ den quadratischen Faktor. Es stellt sich heraus, dass diese Matrizen simultan diagonalisierbar sind, woraus sich aufschlussreiche Folgerungen über den Unterschied der beiden Replikationsansätze ergeben.

Proposition 7.1.1

Es gibt eine nicht singuläre Matrix $P \in \mathbb{R}^{(m+1)\times(m+1)}$ und eine diagonale Matrix $D^{TV} \in \mathbb{R}^{(m+1)\times(m+1)}$, sodass

$$P^T \mathbb{E}\left(Q^{TV}\right) P = D^{TV},$$
$$P^T \mathbb{E}\left(Q^{SCF}\right) P = \mathbb{I}_{m+1}.$$

Beweis. Als positiv-definite symmetrische Matrix hat $\mathbb{E}\left(Q^{SCF}\right)$ eine Cholesky Zerlegung Σ, d.h.

$$\mathbb{E}\left(Q^{SCF}\right) = \Sigma^T \Sigma.$$

Definiere die Matrix

$$Q := \Sigma^{-T} \mathbb{E}\left(Q^{TV}\right) \Sigma^{-1}.$$

Q ist ebenfalls positiv-definit und symmetrisch und kann somit diagonalisiert werden:

$$Q = P_Q^T D_Q P_Q$$

für ein orthonormales P_Q und ein diagonales D_Q.

Setze nun

$$P := \Sigma^{-1} P_Q^T.$$

Dann ist P invertierbar und es gilt

$$P^T \mathbb{E}\left(Q^{\mathrm{TV}}\right) P = P_Q \Sigma^{-T} \mathbb{E}\left(Q^{\mathrm{TV}}\right) \Sigma^{-1} P_Q^T = P_Q Q P_Q^T = D_Q,$$
$$P^T \mathbb{E}\left(Q^{\mathrm{SCF}}\right) P = P^T \Sigma^T \Sigma P = P_Q \Sigma^{-T} \Sigma^T \Sigma \Sigma^{-1} P_Q^T = P_Q P_Q^T = \mathbb{I}_{m+1}.$$

$\square$

Seien P und D^{TV} wie in Proposition 7.1.1 und durch lineare Transformation mit P folgende neue Cash-Flow Profile definiert:

$$\begin{aligned}
{}_P\tilde{\mathbf{A}} &:= P^T \tilde{\mathbf{A}}, \\
{}_P\tilde{\mathbf{C}}_t^A &:= P^T \tilde{\mathbf{C}}_t^A, \quad t \in \mathscr{T}.
\end{aligned}$$

Dann lässt sich der Zusammenhang zwischen α_{QTV} und α_{QSCF} explizit darstellen.

Satz 7.1.2 (Zusammenhang zwischen QTV und QSCF)
Die Lösungen zu den Problemen QTV und QSCF sind gegeben durch

$$\alpha_{QTV} = \left[D^{TV}\right]^{-1} \mathbb{E}\left({}_P\tilde{\mathbf{A}}\tilde{L}\right),$$
$$\alpha_{QSCF} = \mathbb{E}\left(\sum_{t=1}^{T} {}_P\tilde{\mathbf{C}}_t^A \tilde{C}_t^L\right).$$

Ist insbesondere $\mathbb{E}\left({}_P\tilde{A}_i\right) \neq 0$, *so gilt*

$$\alpha_{QSCF}^i = \mathbb{E}\left(\left({}_P\tilde{A}_i\right)^2\right) \frac{\mathbb{E}\left(\sum_{t=1}^{T} {}_P\tilde{C}_{i,t}^A \tilde{C}_t^L\right)}{\mathbb{E}\left({}_P\tilde{A}_i \tilde{L}\right)} \alpha_{QTV}^i.$$

Beweis. Folgt direkt aus Satz 6.1.1 und Proposition 7.1.1. $\square$

Abgesehen davon, dass im QTV-Problem also auch die intertemporalen Korrelationen $\mathbb{E}\left({}_P\tilde{\mathbf{C}}^A_s \tilde{C}^L_t\right)$ für $s \neq t \in \mathscr{T}$ eine Rolle spielen, liegt der zweite Unterschied zum QSCF-Problem in der Gewichtung der neuen Anlagen. Die Diagonaleinträge der Matrix D^{TV} sind exakt die zweiten Momente der aufsummierten diskontierten Cash-Flows der neuen Anlagen. Eine Anlage dessen aufsummierter Cash-Flow ein großes zweites Moment besitzt, wird also im Terminal-Value-Matching weniger berücksichtigt als im QSCF-Problem. Das lässt sich dadurch erklären, dass große zweite Momente bevorzugt von Portfolios erzeugt werden, deren Cash-Flows eine hoch positive intertemporale Korrelation aufweisen bzw. wenn ${}_P\tilde{\mathbf{C}}^A_t$ und ${}_P\tilde{\mathbf{C}}^A_s$ für $s \neq t$ hoch positiv korreliert sind. Bereits kleine Positionen in solchen Portfolios haben großen Einfluss auf den Terminal Value. Diese Korrelationen spielen jedoch im Cash-Flow-Matching keine Rolle, da die Differenz der Cash-Flows zu jedem Zeitpunkt separat gemessen wird.

Wählt man also das QSCF-Problem statt dem QTV-Problem, entscheidet man sich bewusst gegen die Effekte des intertemporalen Hedgens sowohl in den Cash-Flows der Finanzinstrumente, als auch in den Cash-Flows der Liabilities. Damit ist QSCF stärker eingeschränkt, was die Approximation des FVL erschwert. Andererseits besteht die Gefahr beim Terminal-Value-Matching, dass die Robustheit des Problems unter hohen intertemporalen Korrelationen der Cash-Flows leidet. Das liefert eine plausible Erklärung der Beobachtung durch Daul u. Vidal (2009), dass das QSCF-Problem einerseits ein schlechteres Bestimmtheitsmaß aufweist, aber andererseits kleinere out-of-sample Fehler erzeugt. Die Wahl der Replikationsinstrumente ist also entscheidend. Es ist zu vermuten, dass eine sorgfältige Auswahl von Replikationsinstrumenten mit stark unkorrelierten Cash-Flows und entsprechender Skalierung (siehe Natolski u. Werner (2016b)) die Robustheit des QTV-Problems verbessern könnten. Wegen der Flexibilität des intertemporalen Hedgens sind zudem nur wenige Instrumente nötig um eine gute Approximation des FVL zu ermöglichen. Unter diesen Voraussetzungen wäre QTV zu bevorzugen.

Als nächstes beleuchte ich den Zusammenhang zwischen QSCF und QACF.

7.2 Zeitseparabilität

In der Praxis werden für die Replikation meistens Finanzanlagen verwendet, die Cash-Flows ausschließlich in einem Zeitpunkt erzeugen. Dieser Cash-Flow entspricht dem Wert der Anlage, d.h. der Cash-Flow entsteht aus dem Verkauf dieser Anlage. Soll dieser Cash-Flow durch ein statisches Portfolio erzeugt werden, reicht es einen Forward auf diese Anlage abzuschließen und den Forward Preis, der in der Zukunft fällig ist, mit Nullkuponanleihen zu begleichen. Diese Tatsache motiviert folgende Proposition.

Satz 7.2.1 (Äquivalenz zwischen QSCF und QACF)
Sei $I := \{0, \ldots, m\}$ partitionierbar in disjunkte Mengen $I_1, \ldots, I_T$, sodass

$$i \in I_t \quad \Longleftrightarrow \quad \tilde{C}^A_{i,t} \neq 0 \text{ und } \tilde{C}^A_{i,s} = 0 \text{ für alle } s \neq t.$$

Dann sind die Probleme QSCF und QACF äquivalent und haben die gleiche Optimallösung.

Beweis. Da jede Anlage i in genau einer Partitionsmenge I_t liegt, kann die Optimierungsvariable α ebenso partitioniert werden.

$$\alpha = \sum_{t=1}^{T} \alpha_{(t)},$$

wobei

$$\alpha^i_{(t)} \neq 0 \Rightarrow i \in I_t.$$

Für jedes t sei also die Menge

$$H_t := \left\{ \alpha \in \mathbb{R}^{m+1} \,\middle|\, \alpha^i = 0 \,\forall\, i \notin I_t \right\}$$

definiert, sodass $\alpha^i_{(t)} \in H_t$ für alle $t \in \mathscr{T}$. Das QSCF-Problem kann umgeformt werden zu

$$\inf_{\alpha \in \mathbb{R}^{m+1}} \sum_{t=1}^{T} \mathbb{E}\left(\left[\tilde{C}^L_t - \alpha^\top \tilde{\mathbf{C}}^A_t\right]^2\right) =$$

$$\inf_{\alpha_{(1)} \in H_1, \ldots, \alpha_{(T)} \in H_T} \sum_{t=1}^{T} \mathbb{E}\left(\left[\tilde{C}^L_t - \sum_{s=1}^{T} \alpha^\top_{(s)} \tilde{\mathbf{C}}^A_t\right]^2\right) =$$

$$\inf_{\alpha_{(1)} \in H_1, \ldots, \alpha_{(T)} \in H_T} \sum_{t=1}^{T} \mathbb{E}\left(\left[\tilde{C}^L_t - \alpha^\top_{(t)} \tilde{\mathbf{C}}^A_t\right]^2\right) =$$

$$\sum_{t=1}^{T} \inf_{\alpha_{(t)} \in H_t} \mathbb{E}\left(\left[\tilde{C}^L_t - \alpha^\top_{(t)} \tilde{\mathbf{C}}^A_t\right]^2\right) =$$

$$\sum_{t=1}^{T} \inf_{\alpha \in \mathbb{R}^{m+1}} \mathbb{E}\left(\left[\tilde{C}^L_t - \alpha^\top \tilde{\mathbf{C}}^A_t\right]^2\right),$$

wobei ich die Separabilität der Zielfunktion zwischen Zeile drei und vier verwendet habe. Nimmt man nun die Wurzel jedes der T Optimierungsprobleme in der letzten Zeile, wird lediglich die Zielfunktion geändert, jedoch nicht die Optimallösung und man erhält das QACF-Problem. $\qquad \square$

Verwendet man also Finanzinstrumente in der Replikation, die Cash-Flows zu mehreren Zeitpunkten erzeugen, ist es wesentlich welches der Probleme QSCF oder QACF optimiert wird. Hier hat QACF einen Vorzug. Im QSCF-Problem geht der erwartete Fehler in jedem Zeitpunkt quadratisch in die Zielfunktion ein. Mit laufender Zeit werden Fehler im Erwartungswert tendenziell größer, da die Varianz der Cash-Flows, auf Grund größerer Unsicherheit, zunimmt je ferner sie in der Zukunft liegen. Werden die erwarteten Fehler signifikant größer, so optimiert QSCF vorwiegend in diesen Zeitpunkten, während die früheren Cash-Flows vernachlässigt werden. Jedoch sind gerade die Cash-Flows in ferner Zukunft sehr schwer zu modellieren, das Modellrisiko wächst. Daher ist QSCF anfälliger für Modellierungsfehler als das QACF-Problem, in dem erwartete Fehler nur linear eingehen.

Es bleibt also noch der Zusammenhang zwischen QACF und QTV zu erklären. Natürlich kann man hier den indirekten Weg über QSCF gehen, jedoch wird sich herausstellen, dass man einen weiteren Zusammenhang herstellen kann, wenn man die Anforderung der statischen Replikation abschwächt. Diese Abschwächung führt zu etwas allgemeineren Replikationsproblemen, die für sich eine interessante Variante der Replikation darstellen und eine eigene Prüfung der Eigenschaften wie Existenz und Eindeutigkeit von Lösungen lohnen.

7.3 Dynamisches Hedging mit dem Numéraire

In diesem Abschnitt schwäche ich die Anforderung der Statik des Replikationsportfolios etwas ab, um eine bestimmte Klasse von Handelsstrategien zu erlauben. Genauer wird nun angenommen, dass der Numéraire eine zu jedem Zeitpunkt handelbare Anlage ist. Um die Replikation zu verbessern, erlaube ich zusätzlich dynamische Handelsstrategien im Numéraire. Dafür definiere ich folgenden linearen Teilraum der stochastischen Prozesse.

$$\mathscr{A} = \left\{ (\delta_t)_{t=1,\ldots,T} : \forall t = 1,\ldots,T-1, \ \delta_t \in \mathscr{L}^2(\mathscr{F}_t), \ \delta_T = -\sum_{t=1}^{T-1} \delta_t \right\}.$$

Jeder Prozess aus diesem Teilraum repräsentiert eine adaptierte Handelsstrategie im Numéraire. $\delta_t > 0$ wird dabei als Kauf interpretiert und $\delta_t < 0$ als Verkauf. Die Bedingung $\delta_T = -\sum_{t=1}^{T-1} \delta_t$ garantiert, dass die Position im Numéraire zum Endzeitpunkt T gleich der Position zum Zeitpunkt 0 ist. Anders formuliert bedeutet das, dass die Handelsstrategien einen abgezinsten Terminal Value gleich Null haben. Mit $PV(\delta)$ bezeichne ich den pfadweisen abdiskontierten Terminal Value einer Strategie $\delta \in \mathscr{A}$. Es gilt

$$PV(\delta) = \sum_{t=1}^{T} \frac{\delta_t N_t}{N_t} = \sum_{t=1}^{T} \delta_t = 0. \tag{7.1}$$

Aus ökonomischer Sicht kann der Versicherer zu jedem Zeitpunkt einen beliebigen Geldbetrag leihen, welcher bis T rolliert und dann zurückgezahlt wird.

Zu beachten ist, dass die Strategien $\delta \in \mathscr{A}$ nicht selbstfinanzierend sind, da die Cash-Flows realisiert werden.

Es soll untersucht werden welchen Einfluss die Strategien aus $\mathscr{A}$ auf die Probleme QTV, QSCF und QACF haben.

Lemma 7.3.1

Der abdiskontierte Terminal Value einer Handelsstrategie (α, δ) mit

$\alpha \in \mathbb{R}^{m+1}$, $\delta \in \mathscr{A}$ *ist gegeben durch*

$$\tilde{A}(\alpha, \delta) = \alpha^{\top} \tilde{\mathbf{A}},$$

wobei

$$\tilde{A}(\alpha, \delta) := \sum_{t=1}^{T} \left[\sum_{i=0}^{m} \alpha^i \frac{C_{i,t}^A}{N_t} \right] - \sum_{t=1}^{T} \frac{\delta_t N_t}{N_t}.$$

Beweis. Die Behauptung folgt direkt aus (7.1).

$$\tilde{A}(\alpha, \delta) = \sum_{t=1}^{T} \left[\sum_{i=0}^{m} \alpha^i \frac{C_{i,t}^A}{N_t} \right] - \sum_{t=1}^{T} \frac{\delta_t N_t}{N_t}$$

$$\overset{(7.1)}{=} \sum_{t=1}^{T} \alpha^{\top} \tilde{\mathbf{C}}_t^A = \alpha^{\top} \tilde{\mathbf{A}}.$$

$\square$

Anders ausgedrückt hängt der abdiskontierte Terminal Value nur vom statischen Portfolio α ab. Statt $\tilde{A}(\alpha, \delta)$ schreibe ich daher ab sofort $\tilde{A}(\alpha)$.

Daraus lässt sich folgern, dass die Einführung von Handelsstrategien im Numéraire aus dem linearen Raum $\mathscr{A}$ die Zielfunktion im QTV-Problem nicht beeinflusst. Das motiviert folgende Definition.

Definition 7.3.2

Zwei Handelsstrategien (α, δ) und $(\beta, \hat{\delta})$ mit $\alpha, \beta \in \mathbb{R}^{m+1}$, $\delta, \hat{\delta} \in \mathscr{A}$ heißen FV-äquivalent genau dann wenn

$$\alpha = \beta.$$

Auf Grund von Lemma 7.3.1 haben statische Portfolios zweier FV-äquivalenter Handelsstrategien den gleichen fairen Preis, da sie identische Terminal Values erzeugen. Auf der anderen Seite erkennt man leicht, dass das QACF-Problem sehr wohl durch die Wahl der Strategie $\delta \in \mathscr{A}$ beeinflusst wird. Dazu betrachte man folgende deterministische Cash-Flow Differenzen.

$$\tilde{C}_1^L - \alpha^\top \tilde{\mathbf{C}}_1^A = 1,$$
$$\tilde{C}_2^L - \alpha^\top \tilde{\mathbf{C}}_2^A = -1.$$

Die Zielfunktion im QACF-Problem hat den Wert $\sqrt{(-1)^2} + \sqrt{1^2} = 2$. Wählt man jedoch die Strategie $\delta_1 = -1, \delta_2 = 1$, so ergibt sich ein perfekter Hedge, und der Zielfunktionswert ist Null.

Es wird sich herausstellen, dass die zusätzliche Freiheit in den Handelsstrategien der Schlüssel ist um eine Verbindung zwischen dem QTV- und dem QACF-Problem herzustellen. Außerdem wird man erkennen, dass alle drei Replikationsprobleme mit der Einführung der Handelsstrategien leicht zu lösen sind.

Basierend auf der Erweiterung von statischen Portfolios zu teilweise dynamischen Strategien führe ich folgende verallgemeinerte Replikationsprobleme ein.

$$\inf_{\substack{\alpha \in \mathbb{R}^{m+1} \\ \delta \in \mathscr{A}}} \left[\mathbb{E}\left(\left[\tilde{L} - \tilde{A}(\alpha) \right]^2 \middle| \mathscr{F}_0 \right) \right]^{\frac{1}{2}}, \qquad\qquad \text{(GQTV)}$$

$$\inf_{\substack{\alpha \in \mathbb{R}^{m+1} \\ \delta \in \mathscr{A}}} \left[\sum_{t=1}^{T} \mathbb{E}\left(\left[\tilde{C}_t^L - \left(\alpha^\top \tilde{\mathbf{C}}_t^A - \delta_t \right) \right]^2 \middle| \mathscr{F}_0 \right) \right]^{\frac{1}{2}}, \qquad \text{(GQSCF)}$$

$$\inf_{\substack{\alpha \in \mathbb{R}^{m+1} \\ \delta \in \mathscr{A}}} \sum_{t=1}^{T} \left[\mathbb{E}\left(\left[\tilde{C}_t^L - \left(\alpha^\top \tilde{C}_t^A - \delta_t \right) \right]^2 \Big| \mathscr{F}_0 \right) \right]^{\frac{1}{2}}. \qquad \text{(GQACF)}$$

Da die σ-Algebra $\mathscr{F}_0$ auch in diesem Kapitel keine Rolle spielt, wird angenommen, dass sie ausschließlich fast-sichere Ereignisse enthält und wird fortan weggelassen.

Die nächste Proposition gibt die Lösung zu GQTV an, bevor Satz 7.3.4 die Verbindung zwischen GQACF und GQTV herstellt. Das wird ermöglichen Aussagen über das QACF-Problem und dessen Verallgemeinerung GQACF zu treffen.

Proposition 7.3.3
Sei Annahme 3 erfüllt. Dann ist die Lösungsmenge von GQTV gleich der FV-Äquivalenzklasse der Lösung des QTV-Problems im Sinne von Definition 7.3.2 und der Optimalwert von GQTV ist gleich dem Optimalwert des QTV-Problems.

Beweis. Aus Satz 6.1.1 ist bekannt, dass die eindeutige Lösung des QTV-Problems gegeben ist durch $\alpha_{\text{QTV}} = \mathbb{E}\left(Q^{\text{TV}}\right)^{-1} \mathbb{E}\left(\tilde{\mathbf{A}}\tilde{L}\right)$. Aus Lemma 7.3.1 folgt, dass die Strategie $(\delta_t)_{t=1,\dots,T}$ für das QTV-Problem keine Auswirkung hat, womit die Lösungsmenge des QTV-Problems gerade die FV-Äquivalenzklasse von α_{QTV} ist.

$\qquad\qquad\qquad\qquad\qquad\qquad\qquad\qquad\qquad\qquad\qquad\qquad\qquad\quad\square$

Um die Hauptaussage dieses Abschnitts formulieren zu können, ist eine weitere Annahme notwendig.

Annahme 5
Die Cash-Flow Differenz $\tilde{C}_T^L - \alpha_{QTV}^\top \tilde{\mathbf{C}}_T^A$ ist nicht $\mathscr{F}_{T-1}$-messbar.

Annahme 5 sagt aus, dass vor Ende des Zeithorizonts keine Information über die Cash-Flow Differenz in T vorhanden sind. Beispielsweise könnte der Tod eines Versicherten im Jahr T einen unvorhergesehenen Liability Cash-Flow zur Folge haben. Ein solches Risiko ist weder vorhersehbar noch durch Finanzanlagen zu hedgen.

Satz 7.3.4 (Äquivalenz zwischen GQTV und GQACF)
Unter Annahmen 3 und 5 besitzt das verallgemeinerte Replikationsproblem GQACF eine eindeutige Lösung. Dabei ist das statische Portfolio gerade die Lösung des QTV-Problems und die Strategie $\delta \in \mathscr{A}$ ist gerade so, dass alle Liability Cash-Flows zu den Zeitpunkten $t = 1, \ldots, T - 1$ exakt nachgebildet werden. Außerdem haben die Replikationsprobleme GQACF und GQTV und damit QTV den gleichen Optimalwert.

Die Aussage von Satz 7.3.4 ist der eigentliche Grund für die Einführung dynamischer Handelsstrategien. Der erschlossene Zusammenhang hilft entscheidend beim Verständnis des Unterschieds zwischen QTV und QACF. Satz 7.3.4 ist damit zentral in diesem Abschnitt.

Beweis. Definiere $\delta \in \mathscr{A}$ durch

$$\delta_t := \alpha_{\mathrm{QTV}}^{\top} \tilde{\mathbf{C}}_t^A - \tilde{C}_t^L, \quad \forall t = 1, \ldots T - 1. \tag{7.2}$$

Da $\delta \in \mathscr{A}$, ist damit auch δ_T bestimmt. Insbesondere ist δ so gewählt, dass die Liability Cash-Flows zu den Zeitpunkten $t = 1, \ldots, T - 1$ perfekt gehedgt werden, d.h.

$$\tilde{C}_t^L - \left(\alpha_{\mathrm{QTV}}^{\top} \tilde{\mathbf{C}}_t^A - \delta_t \right) = 0, \quad \forall t = 1, \ldots, T - 1. \tag{7.3}$$

Unter Verwendung von (7.2) erhält man folgende Gleichungen.

$$\sum_{t=1}^{T} \left\| \tilde{C}_t^L - \left(\alpha_{\mathrm{QTV}}^\top \tilde{\mathbf{C}}_t^A - \delta_t \right) \right\|_{\mathrm{W},2}$$

$$\stackrel{(7.3)}{=} \left\| \tilde{C}_T^L - \left(\alpha_{\mathrm{QTV}}^\top \tilde{\mathbf{C}}_T^A - \delta_T \right) \right\|_{\mathrm{W},2} \tag{7.4}$$

$$\stackrel{(7.3)}{=} \left\| \sum_{t=1}^{T} \left[\tilde{C}_t^L - \left(\alpha_{\mathrm{QTV}}^\top \tilde{\mathbf{C}}_t^A - \delta_t \right) \right] \right\|_{\mathrm{W},2}.$$

Die Bedingung $\delta_T = -\sum_{t=1}^{T-1} \delta_t$ impliziert

$$\left\| \sum_{t=1}^{T} \left[\tilde{C}_t^L - \left(\alpha_{\mathrm{QTV}}^\top \tilde{\mathbf{C}}_t^A - \delta_t \right) \right] \right\|_{\mathrm{W},2}$$

$$= \left\| \sum_{t=1}^{T} \left[\tilde{C}_t^L - \alpha_{\mathrm{QTV}}^\top \tilde{\mathbf{C}}_t^A \right] \right\|_{\mathrm{W},2} \tag{7.5}$$

$$= \left\| \tilde{L} - \alpha_{\mathrm{QTV}}^\top \tilde{\mathbf{A}} \right\|_{\mathrm{W},2}.$$

Sei nun $\left(\beta, \hat{\delta} \right)$, $\beta \in \mathbb{R}^{m+1}$, $\hat{\delta} \in \mathscr{A}$ eine andere Handelsstrategie. Da α_{QTV} optimal für das QTV-Problem ist, gilt

$$\left\| \tilde{L} - \alpha_{\mathrm{QTV}}^\top \tilde{\mathbf{A}} \right\|_{\mathrm{W},2} \leq \left\| \tilde{L} - \beta^\top \tilde{\mathbf{A}} \right\|_{\mathrm{W},2}.$$

Aus Satz 6.1.1 folgt, dass Gleichheit genau dann gilt wenn $\beta = \alpha_{\mathrm{QTV}}$.

Durch Umordnung der Terme erhält man

$$\left\| \tilde{L} - \beta^\top \tilde{\mathbf{A}} \right\|_{\mathrm{W},2} = \left\| \sum_{t=1}^{T} \left[\tilde{C}_t^L - \beta^\top \tilde{\mathbf{C}}_t^A \right] \right\|_{\mathrm{W},2}$$

$$= \left\| \sum_{t=1}^{T} \left[\tilde{C}_t^L - \beta^\top \tilde{\mathbf{C}}_t^A + \hat{\delta}_t \right] \right\|_{\mathrm{W},2}$$

$$\leq \sum_{t=1}^{T} \left\| \tilde{C}_t^L - \left(\beta^\top \tilde{\mathbf{C}}_t^A - \hat{\delta}_t \right) \right\|_{\mathrm{W},2}.$$

Die letzte Ungleichung ist Minkowskis Ungleichung, wobei Gleichheit genau dann gilt, wenn alle Terme in der Norm positiv kollinear sind. Wenn $\beta = \alpha_{\text{QTV}}$, ist Kollinearität der Terme

$$\tilde{C}_t^L - \left(\alpha_{\text{QTV}}^\top \tilde{\mathbf{C}}_t^A - \hat{\delta}_t \right), \qquad t = 1, \ldots, T$$

nur dann gegeben, wenn die ersten $T - 1$ Terme Null sind. Der Grund ist folgender. Aus der Bedingung $\hat{\delta}_T = -\sum_{t=1}^{T-1} \hat{\delta}_t$ kann abgeleitet werden, dass $\hat{\delta}_T$ $\mathscr{F}_{T-1}$-messbar ist. Aber wegen Annahme 5 ist $\tilde{C}_T^L - \alpha_{\text{QTV}}^\top \tilde{\mathbf{C}}_T^A$ nicht $\mathscr{F}_{T-1}$-messbar, womit auch

$$\tilde{C}_T^L - \left(\alpha_{\text{QTV}}^\top \tilde{\mathbf{C}}_T^A - \hat{\delta}_T \right)$$

nicht $\mathscr{F}_{T-1}$-messbar ist. Da $\mathscr{F}_0$ vollständig ist, enthält $\mathscr{F}_{T-1}$ alle Nullmengen. Daher ist der letzte Term mit positiver Wahrscheinlichkeit nicht Null und nicht kollinear mit den ersten $T - 1$ Termen.

Mit anderen Worten, falls $\beta = \alpha_{\text{QTV}}$, so ist die letzte Ungleichung eine Gleichung genau dann wenn alle Liability Cash-Flows zu den Zeitpunkten $t = 1, \ldots, T - 1$ perfekt gehedgt werden. In diesem Fall ist $\hat{\delta}$ gegeben durch

$$\hat{\delta}_t := \alpha_{\text{QTV}}^\top \tilde{\mathbf{C}}_t^A - \tilde{C}_t^L = \delta_t, \quad \forall t = 1, \ldots T - 1.$$

Damit gilt die Ungleichung

$$\sum_{t=1}^{T} \left\| \tilde{C}_t^L - \delta_t + \alpha_{\text{QTV}}^\top \tilde{\mathbf{C}}_t^A \right\|_{\text{W},2} \leq \sum_{t=1}^{T} \left\| \tilde{C}_t^L - \hat{\delta}_t + \beta^\top \tilde{\mathbf{C}}_t^A \right\|_{\text{W},2},$$

und sie ist strikt außer $\beta = \alpha_{\text{opt}}$ und $\hat{\delta} = \delta$ und die erste Behauptung ist bewiesen.

Die zweite Behauptung folgt direkt aus den Gleichungen (7.4) und (7.5) sowie Lemma 7.3.1 und Proposition 7.3.3. $\square$

Leider kann Satz 7.3.4 nicht analog auf das verallgemeinerte Problem GQSCF übertragen werden. Der Grund dafür ist, dass die Minkowski Ungleichung wie im Beweis nicht anwendbar ist. Als Gegenbeispiel betrachte man den Fall mit zwei Zeitschritten mit gleichen Cash-Flow Differenzen, also

$$\tilde{C}_1^L - \alpha^\top \tilde{\mathbf{C}}^A = \tilde{C}_2^L - \alpha^\top \tilde{\mathbf{C}}_2^A$$

mit Erwartungswert 0 und Varianz 1. Mit der Strategie (δ_1, δ_2) wie in Satz 7.3.4 ist der Zielfunktionswert in (GQSCF) gleich

$$\sqrt{\mathbb{E}(0) + \mathbb{E}\left(\left[2 \cdot (\tilde{C}_1^L - \alpha^\top \tilde{\mathbf{C}}_1^A)\right]^2\right)} = 2.$$

Wählt man dagegen die Strategie $\delta_1 = \delta_2 = 0$ so ist der Zielfunktionswert gleich

$$\sqrt{2 \cdot \mathbb{E}\left(\left[\tilde{C}_1^L - \alpha^\top \tilde{\mathbf{C}}_1^A\right]^2\right)} = \sqrt{2}.$$

Damit ist gezeigt, dass perfektes Hedgen bis zum Zeitpunkt T nicht die optimale Strategie für GQSCF ist. Die optimale Strategie wird in Satz 7.3.7 hergeleitet. Zunächst formuliere ich jedoch ein Korollar, das die Frage des Zusammenhangs zwischen den verallgemeinerten QTV- und QACF-Problemen abschließt.

Korollar 7.3.5 (Optimalitätstest)
1. *Die Lösungsmenge von GQTV ist gerade die Äquivalenzklasse der Lösung von GQACF.*

2. *Der Optimalwert von GQACF ist kleiner oder gleich dem Optimalwert von QACF. Unter Annahme 5 ist Gleichheit genau dann gegeben wenn für alle $t = 1, \ldots, T-1$ der Liability Cash-Flow perfekt durch den Cash-Flow des optimalen Replikationsportfolios im QTV-Problem repliziert wird.*

Beweis. Die erste Behauptung folgt direkt aus Proposition 7.3.3 und Satz 7.3.4. Dass der Optimalwert von GQACF nicht größer als der von QACF ist, erschließt sich aus der Feststellung, dass $\delta \equiv 0$ ebenfalls eine Strategie aus $\mathscr{A}$ ist, welche implizit im QACF-Problem vorausgesetzt wird. Schließlich weiß man wegen Satz 7.3.4, dass die Lösung von GQACF eindeutig ist. Daher kann Gleichheit der Optimalwerte von QACF und GQACF nur dann erzielt werden, wenn $\delta \equiv 0$ die optimale Strategie für GQACF ist. In dem Fall ist das eindeutige Optimalportfolio für QTV auch optimal für QACF. Satz 7.3.4 jedoch besagt, dass unter der optimalen Strategie in GQACF alle Cash-Flows zu den Zeitpunkten $t = 1, \ldots, T - 1$ perfekt gehedgt werden. Daraus folgt, dass die Cash-Flows des optimalen Replikationsportfolios aus dem QTV-Problem die Cash-Flows der Liabilities für $t = 1, \ldots, T - 1$ perfekt nachbilden. $\qquad\Box$

Bemerkung 7.3.6
Da die Optimalwerte von GQACF und QTV identisch sind, kann man eine Einschätzung der Güte des Replikationsportfolios aus dem QACF-Problem direkt durch den Vergleich der beiden Optimalwerte treffen.

Durch Proposition 7.3.3, Satz 7.3.4 sowie Korollar 7.3.5 hat man also ein besseres Verständnis des Zusammenhangs zwischen QACF und QTV. Erlaubt man dynamisches Handeln des Numéraires so entdeckt man im QACF-Problem das QTV-Problem wieder.

Zur Vollständigkeit wende mich nun der optimalen Handelsstrategie im verallgemeinerten QSCF-Problem zu. Bisher hat man gesehen, dass das perfekte Hedgen bis zum Zeitpunkt $T - 1$ nicht unbedingt optimal ist wie im verallgemeinerten QACF-Problem. Der folgende Satz gibt nun Aufschluss über die optimale Strategie.

Satz 7.3.7 (Optimale Strategie GQSCF)
Sei $\alpha \in \mathbb{R}^{m+1}$ ein beliebiges Portfolio and bezeichne

$$R_t := \tilde{C}_t^L - \alpha^\top \tilde{C}_t^A$$

den Fehler zwischen den Cash-Flows der Liabilities und des Portfolios zum Zeitpunkt t. Die Handelsstrategie $(\delta_t^*)_{t=1,\ldots,T-1} \in \mathscr{A}$, welche die Zielfunktion in

GQSCF minimiert, ist durch folgende rekursive Form gegeben:

$$\delta_t^* = \frac{1}{T-t+1}\sum_{s=t}^{T}\mathbb{E}\left(R_s|\mathscr{F}_t\right) - \frac{1}{T-t+1}\sum_{s=1}^{t-1}\delta_s^* - R_t, \quad \forall t = 1,\ldots,T-1.$$

Außerdem sind die Fehler zwischen den Cash-Flows unter Berücksichtigung dieser Handelsstrategie gegeben durch

$$R_t + \delta_t^* = \mathbb{E}\left(R_T + \delta_T^*|\mathscr{F}_t\right).$$

Man erhält also die Fehler zum Zeitpunkt t durch orthogonale Projektion des finalen Fehlers $R_T + \delta_T^*$ auf den Unterraum $\mathscr{L}^2\left(\mathscr{F}_t\right)$.

Beweis. Einsetzen der Definition von $(R_t)_{t\in\mathscr{T}}$ und der Bedingung $\delta_T = -\sum_{t=1}^{T-1}\delta_t$ in das Problem GQSCF liefert

$$\min_{\substack{\delta_t\in\mathscr{L}^2(\mathscr{F}_t),\\ t=1,\ldots,T-1}} \sum_{t=1}^{T}\mathbb{E}\left[(R_t + \delta_t)^2\right] + \mathbb{E}\left[\left(R_T - \sum_{t=1}^{T-1}\delta_t\right)^2\right] \tag{7.6}$$

Sei nun $(\delta_1^*,\ldots,\delta_{T-1}^*)$ eine Lösung von (7.6). Für beliebiges $\bar{t}\in\{1,\ldots,T-1\}$ ist dann $\delta_{\bar{t}}^*$ Optimallösung zu

$$\min_{\delta_{\bar{t}}\in\mathscr{L}^2(\mathscr{F}_t)} \mathbb{E}\left[(R_{\bar{t}} + \delta_{\bar{t}})^2\right] + \mathbb{E}\left[\left(R_T - \underbrace{\sum_{\substack{t=1\\ t\neq\bar{t}}}^{T-1}\delta_t^* - \delta_{\bar{t}}}_{=:\lambda_T}\right)^2\right].$$

Durch quadratisches Ergänzen erhält man das äquivalente Problem

$$\min_{\delta_{\bar{t}}\in\mathscr{L}^2(\mathscr{F}_t)} \mathbb{E}\left[\left(\sqrt{2}\delta_{\bar{t}} + (R_{\bar{t}} - \lambda_T)\frac{1}{\sqrt{2}}\right)^2\right] + \mathbb{E}\left[R_{\bar{t}}^2 + \lambda_T^2 - \frac{1}{2}(R_{\bar{t}} - \lambda_T)^2\right]$$

Nach Ausschluss aller Terme ohne Einfluss von $\delta_{\bar{t}}$ bleibt das quadratische Problem

$$\min_{\delta_{\bar{t}}\in\mathscr{L}^2(\mathscr{F}_t)} \mathbb{E}\left[2\left(\delta_{\bar{t}} + \frac{1}{2}(R_{\bar{t}} - \lambda_T)\right)^2\right],$$

mit der Lösung

$$\delta_{\bar{t}}^* = \frac{1}{2}\mathbb{E}\left[R_T\,|\,\mathscr{F}_{\bar{t}}\right] - \frac{1}{2}\mathbb{E}\left[\lambda_T\,|\,\mathscr{F}_{\bar{t}}\right]$$

$$= \frac{1}{2}\mathbb{E}\left[R_T\,|\,\mathscr{F}_{\bar{t}}\right] - \frac{1}{2}R_{\bar{t}} - \frac{1}{2}\sum_{\substack{t=1\\ t\neq\bar{t}}}^{T-1}\mathbb{E}\left[\delta_t^*\,|\,\mathscr{F}_{\bar{t}}\right].$$

Multiplikation mit 2 und Subtrahieren von δ_t^* auf beiden Seiten liefert

$$\delta_t^* = \mathbb{E}\left(R_T\,|\,\mathscr{F}_t\right) - R_t - \sum_{s=1}^{T-1}\mathbb{E}\left(\delta_s^*\,|\,\mathscr{F}_t\right). \tag{7.7}$$

Da $\bar{t}$ beliebig war, gilt (7.7) für alle $t = 1,\dots,T-1$. Sei $X := \sum_{s=1}^{T-1}\delta_s^*$, dann gilt

$$\mathbb{E}\left(X\,|\,\mathscr{F}_t\right) = \sum_{s=1}^{t-1}\delta_s^* + \sum_{s=t}^{T-1}\mathbb{E}\left[\mathbb{E}\left(R_T\,|\,\mathscr{F}_s\right) - R_s - \mathbb{E}\left(X\,|\,\mathscr{F}_s\right)\,|\,\mathscr{F}_t\right]$$

$$= \sum_{s=1}^{t-1}\delta_s^* + \sum_{s=t}^{T-1}\mathbb{E}\left(\left[R_T - R_s - X\right]\,|\,\mathscr{F}_t\right)$$

$$= \sum_{s=1}^{t-1}\delta_s^* + \sum_{s=t}^{T-1}\mathbb{E}\left(R_T - R_s\,|\,\mathscr{F}_t\right) - (T-t)\mathbb{E}\left(X\,|\,\mathscr{F}_t\right).$$

Durch Auflösen nach $\mathbb{E}\left(X\,|\,\mathscr{F}_1\right)$ erhält man

$$\mathbb{E}\left(X\,|\,\mathscr{F}_t\right) = \frac{1}{T-t+1}\left(\sum_{s=1}^{t-1}\delta_s^* + \sum_{s=t}^{T-1}\mathbb{E}\left(R_T - R_s\,|\,\mathscr{F}_t\right)\right).$$

Einsetzen in (7.7) liefert schließlich

$$\delta_t^* = \mathbb{E}\left(R_T\,|\,\mathscr{F}_t\right) - R_t - \frac{1}{T-t+1}\left(\sum_{s=1}^{t-1}\delta_s^* + \sum_{s=t}^{T-1}\mathbb{E}\left(R_T - R_s\,|\,\mathscr{F}_t\right)\right)$$

$$= \frac{1}{T-t+1}\mathbb{E}\left(R_T\,|\,\mathscr{F}_t\right) - \frac{1}{T-t+1}\left(\sum_{s=1}^{t-1}\delta_s^* - \sum_{s=t}^{T-1}\mathbb{E}\left(R_s\,|\,\mathscr{F}_t\right)\right) - R_t$$

$$= \frac{1}{T-t+1}\mathbb{E}\left(\sum_{s=t}^{T}R_s\,|\,\mathscr{F}_t\right) - \frac{1}{T-t+1}\sum_{s=1}^{t-1}\delta_s^* - R_t,$$

womit die erste Behauptung bewiesen ist. Die zweite Behauptung folgt direkt aus Gleichung (7.7) durch Einsetzen der Bedingung $\delta_T^* = -\sum_{s=1}^{T-1} \delta_s^*$. $\qquad\square$

Bemerkung 7.3.8

Eine interessante Beobachtung ist, dass δ_1^* linear vom Portfolio α abhängt. Aus der rekursiven Form erkennt man, dass das damit auch für δ_t^*, $t = 2,\dots,T$ gilt. Die Suche nach dem optimalen Startportfolio α_{opt} für GQSCF reduziert sich damit auf ein Problem der kleinsten Quadrate.

Es bleibt noch auf die Gleichheit der fairen Preise zurückzukommen. Wie man bereits erahnen kann, haben die Optimallösungen von GQACF und GQTV beide jeweils den gleichen fairen Wert wie die Liabilities. Für das Problem GQSCF ist nur unwesentlich mehr Arbeit erforderlich.

Proposition 7.3.9

Unter Annahmen 2, 3 und 5 sind die fairen Werte der Optimallösungen zu GQTV, GQSCF und GQACF gleich dem fairen Wert der Liability Cash-Flows.

Beweis. Für GQTV folgt die Behauptung direkt aus Propositionen 7.3.3 und 6.2.1. Satz 7.3.4 liefert die Aussage für GQACF. Der Beweis für das verallgemeinerte QSCF-Problem ist ebenfalls unkompliziert. Ich teile das Optimierungsproblem auf, sodass jeweils das statische Portfolio α in ein inneres und die dynamische Strategie δ in ein äußeres Optimierungsproblem geschoben werden.

$$\min_{\delta \in \mathscr{A}} \min_{\alpha \in \mathbb{R}^{m+1}} \left[\sum_{t=1}^{T} \mathbb{E}\left(\left[\tilde{C}_t^L - \left(\alpha^\top \tilde{C}_t^A - \delta_t \right) \right]^2 \bigg| \mathscr{F}_0 \right) \right]^{\frac{1}{2}}.$$

Wegen Annahme 2 existiert ein eindeutiges optimales α_{opt} für gegebenes $\delta \in \mathscr{A}$ und man erhält durch Ersetzen von $\tilde{C}_t^L$ durch $\tilde{C}_t^L + \delta_t$ in Proposition 6.2.1

$$\mathbb{E}\left(\alpha_{\mathrm{opt}}^\top \tilde{\mathbf{A}} \right) = \mathbb{E}\left(\tilde{L} + \sum_{t=1}^{T} \delta_t \right)$$

bzw.

$$\mathbb{E}\left(\alpha_{\mathrm{opt}}^{\top}\tilde{\mathbf{A}} - \sum_{t=1}^{T}\delta_t\right) = \mathbb{E}\left(\tilde{L}\right).$$

Insbesondere gilt diese Identität für die optimale Strategie $(\delta_t^*)_{t\in\mathscr{T}}$ wie in Satz 7.3.7 und es ist alles gezeigt. $\qquad\square$

Die Eigenschaft der Gleichheit der fairen Werte bleibt also auch nach Einführung der dynamischen Strategien in $\mathscr{A}$ erhalten.

Die essentielle Botschaft in diesem Abschnitt ist, dass das QTV-Problem dem QACF-Problem entspricht, wenn dynamische Replikation mit dem Numéraire erlaubt ist. Dieses Resultat spricht damit klar für die Verwendung des QTV-Problems, da es die Möglichkeit bietet Cash-Flow Differenzen über die Zeit auszugleichen, welche für den FVL keine Auswirkungen haben. Kleinere Schranken für den Fehler in der Zielgröße und eine bessere Approximation des FVL sind zu erwarten.

Beachtet man zusätzlich die Tatsache, dass das QTV-Problem wegen seiner quadratischen Form mit QSCF numerisch am effizientesten zu lösen, geht dieses Replikationsproblem als das mit den größten Vorteilen hervor. Wie bereits herausgearbeitet ist es wichtig im Auge zu behalten, dass das Problem gut konditioniert ist. Zum einen sollten redundante oder nahezu redundante Instrumente zur Replikation vermieden werden. Das verbessert die Stabilität des optimalen Replikationsportfolios und verringert das Risiko des Overfittings. Zum anderen ist vor der Optimierung eine Skalierung der Cash-Flows ratsam um eine gute Konditionierung des Problems zu ermöglichen.

Mit diesen Ergebnissen sind die Vor- und Nachteile der verschiedenen Optimierungsprobleme transparenter. In der praktischen Umsetzung ist man darüber hinaus jedoch auch an den Eigenschaften von Monte-Carlo Schätzern interessiert. Es ist offensichtlich nicht möglich die optimalen Replikationsportfolios explizit auszurechnen. Sie müssen über eine Monte-Carlo Simulation approximiert werden. Hier stellen sich Fragen bezüglich der Konsistenz, der Konvergenzgeschwindigkeit, sowie der Erwartungstreue der Schätzer und wie sich diese Eigenschaften letztlich auf die Schätzung der Basiseigenmittel übertragen. Diesen Aspekt behandelt das letzte Kapitel dieser Arbeit. Auch hier beschränke ich mich auf die Probleme QTV, QSCF und QACF.

8 Konvergenz von Monte-Carlo Verfahren

Ziel eines replizierenden Portfolios $\alpha \in \mathbb{R}^{m+1}$ ist, die Liabilities $\tilde{L}$ nachzubilden und damit die Zahl $\rho_{\mathbb{P}} \left(N_1 \cdot \mathbb{E}^{\mathbb{Q}} \left(\mathbf{x}^\top \tilde{\mathbf{A}} - \alpha^\top \tilde{\mathbf{A}} \middle| \mathscr{F}_1 \right) \right)$ als Näherung der Zielgröße $\rho_{\mathbb{P}}(BOF_1)$ (vgl. Abschnitt 3.1) zu verwenden. Bislang wurde aus theoretischer Perspektive die Findung eines replizierenden Portfolios ausführlich diskutiert. In einer praktischen Anwendung kann jedoch auch $\rho_{\mathbb{P}} \left(N_1 \cdot \mathbb{E}^{\mathbb{Q}} \left(\mathbf{x}^\top \tilde{\mathbf{A}} - \alpha^\top \tilde{\mathbf{A}} \middle| \mathscr{F}_1 \right) \right)$ nicht exakt bestimmt werden. Es muss über Monte-Carlo Simulation geschätzt werden. Dabei ist natürlich vor allem die Schätzung des replizierenden Portfolios die größte Herausforderung. Dieses Kapitel widmet sich der Frage wie gut sich replizierende Portfolios mit Monte-Carlo Methoden schätzen lassen und welche Konsequenzen sich für die Berechnung der Risikozahl $\rho_{\mathbb{P}}(BOF_1)$ ergeben.

Es gibt zahlreiche Möglichkeiten Schätzer für einen Parameter zu definieren. Im Fall der replizierenden Portfolios ist eine Wahl hingegen naheliegend, da jedes Optimierungsproblem eine kanonische empirische Entsprechung hat, aus dem sich ein Replikationsportfolio konstruieren lässt[1]. Da die Anzahl der replizierenden Instrumente hier keine Rolle spielt, wird in der Folge angenommen, dass es nur m Replikationsinstrumente gibt um die Darstellung zu vereinfachen.

Es sei $(\Omega', \mathscr{F}', \mathbb{W}')$ ein zweiter Wahrscheinlichkeitsraum aus dem Stichproben gezogen werden. Weiter seien $\left(\mathbf{C}^A_{t,k} \right)_{k=1,\ldots,n}$, $(\mathbf{A}_k)_{k=1,\ldots,n}$, $\left(C^L_{t,k} \right)_{k=1,\ldots,n}$ und $(L_k)_{k=1,\ldots,n}$ jeweils n u.i.v. Stichproben der Zufallsvariablen $\tilde{\mathbf{C}}^A_t$, $\tilde{\mathbf{A}}$, $\tilde{C}^L_t$ und $\tilde{L}$. Folgende Matrizen sind für die Formulierung der empirischen Probleme notwendig.

$$Q^{\mathrm{TV}} := \left(\tilde{A}_i \tilde{A}_j \right)_{i,j=1,\ldots,m}, \qquad Q^{\mathrm{SCF}} := \left(\sum_{t=1}^{T} \tilde{C}^A_{i,t} \tilde{C}^A_{j,t} \right)_{i,j=1,\ldots,m},$$

---

1   Es lassen sich Schätzer mit besseren Eigenschaften konstruieren. Die hier präsentierte Variante ist jedoch in der Praxis üblich.

$$Q_k^{\mathrm{TV}} := \left(A_{i,k}A_{j,k}\right)_{i,j=1,\dots,m}, \quad Q_k^{\mathrm{SCF}} := \left(\sum_{t=1}^{T} C_{i,t,k}^{A} C_{j,t,k}^{A}\right)_{i,j=1,\dots,m}, \quad k=1,\dots,n,$$

$$\bar{Q}_n^{\mathrm{TV}} := \frac{1}{n}\sum_{k=1}^{n} Q_k^{\mathrm{TV}}, \qquad \bar{Q}_n^{\mathrm{SCF}} := \frac{1}{n}\sum_{k=1}^{n} Q_k^{\mathrm{SCF}}.$$

Die entsprechenden empirischen Replikationsprobleme aus n Stichproben sind gegeben durch

$$\inf_{\alpha\in\mathbb{R}^m} f_{\mathrm{QTV}}^{n}(\alpha) := \inf_{\alpha\in\mathbb{R}^m} \left[\frac{1}{n}\sum_{k=1}^{n}\left(\alpha^\top \mathbf{A}_k - L_k\right)^2\right]^{\frac{1}{2}}, \tag{EQTV}$$

$$\inf_{\alpha\in\mathbb{R}^m} f_{\mathrm{QSCF}}^{n}(\alpha) := \inf_{\alpha\in\mathbb{R}^m} \left[\sum_{t=1}^{T}\frac{1}{n}\sum_{k=1}^{n}\left(\alpha^\top \mathbf{C}_{t,k}^{A} - C_{t,k}^{L}\right)^2\right]^{\frac{1}{2}}, \tag{EQSCF}$$

$$\inf_{\alpha\in\mathbb{R}^m} f_{\mathrm{QACF}}^{n}(\alpha) := \inf_{\alpha\in\mathbb{R}^m} \sum_{t=1}^{T}\left[\frac{1}{n}\sum_{k=1}^{n}\left(\alpha^\top \mathbf{C}_{t,k}^{A} - C_{t,k}^{L}\right)^2\right]^{\frac{1}{2}}. \tag{EQACF}$$

Analog zu den analytischen Optimierungsproblemen (siehe Abschnitt 6.1) haben EQTV und EQSCF entsprechende (möglicherweise nicht eindeutige) Lösungen

$$\hat{\alpha}_{\mathrm{QTV}}^{n} = \left(\bar{Q}_n^{\mathrm{TV}}\right)^{+} \cdot \frac{1}{n}\sum_{k=1}^{n} L_k \cdot \mathbf{A}_k \quad \text{und}$$

$$\hat{\alpha}_{\mathrm{QSCF}}^{n} = \left(\bar{Q}_n^{\mathrm{SCF}}\right)^{+} \cdot \frac{1}{n}\sum_{k=1}^{n}\sum_{t=1}^{T} C_{t,k}^{L}\mathbf{C}_{t,k}^{A},$$

wobei A^{+} wieder die Moore-Penrose Pseudoinverse einer Matrix $A \in \mathbb{R}^{m\times m}$ bezeichnet. Genau wie im analytischen Fall besitzt die Lösung zu EQACF keine explizite Darstellung. Die Existenz der Lösung kann aber analog über die gleiche Argumentation wie in Satz 6.1.4 bewiesen werden, indem das Maß $\mathbb{W}$ durch das empirische Maß ersetzt wird.

In diesem Kapitel untersuche ich drei Eigenschaften der Schätzer. Zuerst zeige ich starke Konsistenz und leite im Zuge dessen die fast-sichere Konvergenzgeschwindigkeit der Schätzer gegen das optimale Portfolio her. Darauf folgen Beweise der asymptotischen Normalität und ein Gegenbeispiel zur Erwartungstreue. Zum Abschluss des Kapitels erläutere ich die Konsequenzen für die Schätzung der Näherungsgröße $\rho_{\mathbb{P}}\left(N_1 \cdot \mathbb{E}^{\mathbb{Q}}\left(\mathbf{x}^\top \tilde{\mathbf{A}} - \alpha^\top \tilde{\mathbf{A}} \,\middle|\, \mathscr{F}_1\right)\right)$ und füge die Ergebnisse in die Gesamttheorie der replizierenden Portfolios ein. Abschnitte 8.1 und 8.2 sind aus Natolski u. Werner (2017a) entnommen.

Die meisten Resultate dieses Kapitels benötigen zur Verwendung des zentralen Grenzwertsatzes und des starken Gesetzes der großen Zahlen die Annahme $\tilde{C}_t^L, \tilde{C}_{i,t}^A \in \mathscr{L}^4(\Omega, \mathscr{F}, \mathbb{W})$ für alle $i = 1,\ldots,m$ und $t \in \mathscr{T}$. Es sei hier darauf hingewiesen, dass für die Fälle $\mathbb{W} = \mathbb{Q}$ und $\mathbb{W} = \mathbb{O}$ auf Grund von Propositionen 4.1.3 und 4.1.9 bereits die Annahme

$$\tilde{C}_t^L, \tilde{C}_{i,t}^A \in \mathscr{L}^4(\Omega, \mathscr{F}, \mathbb{P})$$

für alle $i = 1,\ldots,m$ und $t \in \mathscr{T}$ zusammen mit Annahme 1 hinreichend ist.

8.1 Starke Konsistenz

Satz 8.1.1 (Starke Konsistenz von $\hat{\alpha}_{\text{QTV}}^n$ und $\hat{\alpha}_{\text{QSCF}}^n$)
Seien $\tilde{C}_t^L, \tilde{C}_{i,t}^A \in \mathscr{L}^4(\Omega, \mathscr{F}, \mathbb{W})$ für alle $i = 1,\ldots,m$ und $t \in \mathscr{T}$, $\|.\|$ eine beliebige Norm auf $\mathbb{R}^m$ und $\|\|.\|\|$ die induzierte Matrix Norm. Dann existieren für $\mathbb{W}'$-fastsicher jedes $\omega' \in \Omega'$ natürliche Zahlen $N_{TV}(\omega'), N_{SCF}(\omega')$ für welche gilt

$$\|\hat{\alpha}_{QTV}^n(\omega') - \alpha_{QTV}\| < K_{TV} \cdot \sqrt{\frac{\log(\log(n))}{n}} \quad \forall n \geq N_{TV}(\omega'),$$

$$\|\hat{\alpha}_{QSCF}^n(\omega') - \alpha_{QSCF}\| < K_{SCF} \cdot \sqrt{\frac{\log(\log(n))}{n}} \quad \forall n \geq N_{SCF}(\omega'),$$

wobei

$$K_{TV} = \bar{K}_{TV} \left(\left\| \left\| \mathbb{E} \left(Q^{TV} \right)^{-1} \right\| \right\| + \bar{K}_{TV} \cdot \sqrt{\frac{\log(\log(6))}{6}} + \left\| \mathbb{E} \left(\tilde{L} \cdot \tilde{\mathbf{A}} \right) \right\| \right),$$

$$K_{SCF} = \bar{K}_{SCF} \left(\left\| \left\| \mathbb{E} \left(Q^{SCF} \right)^{-1} \right\| \right\| + \bar{K}_{SCF} \cdot \sqrt{\frac{\log(\log(6))}{6}} + \left\| \mathbb{E} \left(\sum_{t=1}^{T} \tilde{C}_t^L \cdot \tilde{\mathbf{C}}_t^A \right) \right\| \right)$$

und

$$\bar{K}_{TV} := 2\sqrt{2} \cdot \left\| \left\| \mathbb{E} \left(Q^{TV} \right) \right\| \right\|^2 \max \left(\max_{i,j} Var(Q_{ij}^{TV}), \max_i Var \left(\tilde{L} \cdot \tilde{A}_i \right) \right),$$

$$\bar{K}_{SCF} := 2\sqrt{2} \cdot \left\| \left\| \mathbb{E} \left(Q^{SCF} \right) \right\| \right\|^2 \max \left(\max_{i,j} Var(Q_{ij}^{SCF}), \max_i Var \left(\sum_{t=1}^{T} \tilde{C}_t^L \cdot \tilde{C}_{i,t}^A \right) \right).$$

Insbesondere sind die Schätzer $\hat{\alpha}_{QTV}^n$ und $\hat{\alpha}_{QSCF}^n$ jeweils stark konsistent für α_{QTV} und α_{QSCF}.

Beweis. Der Beweis für $\hat{\alpha}_{QTV}^n$ und $\hat{\alpha}_{QSCF}^n$ ist identisch. Daher beweise ich die Aussage nur für das Problem QTV. Zur Abkürzung der Notation, schreibe ich jeweils Q, $\bar{Q}_n$ und $\hat{\alpha}^n$ an Stelle von Q^{TV}, $\bar{Q}_n^{TV}$ und $\hat{\alpha}_{QTV}^n$.

Zunächst erhält man aus der Dreiecksungleichung

$$\|\hat{\alpha}^n - \alpha_{QTV}\| = \left\| \bar{Q}_n^+ \cdot \frac{1}{n} \sum_{k=1}^{n} L_k \cdot \mathbf{A}_k - \mathbb{E}(Q)^{-1} \mathbb{E} \left(\tilde{L} \cdot \tilde{\mathbf{A}} \right) \right\|$$

$$\leq \left\| \bar{Q}_n^+ \cdot \frac{1}{n} \sum_{k=1}^{n} L_k \cdot \mathbf{A}_k - \bar{Q}_n^+ \cdot \mathbb{E} \left(\tilde{L} \cdot \tilde{\mathbf{A}} \right) \right\|$$

$$+ \left\| \bar{Q}_n^+ \cdot \mathbb{E} \left(\tilde{L} \cdot \tilde{\mathbf{A}} \right) - \mathbb{E}(Q)^{-1} \mathbb{E} \left(\tilde{L} \cdot \tilde{\mathbf{A}} \right) \right\|$$

und weiter

$$\|\hat{\alpha}^n - \alpha_{\text{QTV}}\| \leq \quad \left\|\left\| \bar{Q}_n^+ \right\|\right\| \left\| \frac{1}{n} \sum_{k=1}^{n} L_k \cdot \mathbf{A}_k - \mathbb{E}\left(\tilde{L} \cdot \tilde{\mathbf{A}}\right) \right\| \tag{8.1}$$

$$+ \left\|\left\| \bar{Q}_n^+ - \mathbb{E}(Q)^{-1} \right\|\right\| \cdot \left\| \mathbb{E}\left(\tilde{L} \cdot \tilde{\mathbf{A}}\right) \right\|.$$

Es seien nun folgende Differenzen definiert

$$\Delta_n := \bar{Q}_n - \mathbb{E}(Q)$$

$$\delta_n := \frac{1}{n} \sum_{k=1}^{n} L_k \cdot \mathbf{A}_k - \mathbb{E}\left(\tilde{L} \cdot \tilde{\mathbf{A}}\right).$$

In Horn u. Johnson (1985, S. 335–336) wird bewiesen, dass unter der Bedingung $\||\Delta_n\|| < \frac{1}{2\||\mathbb{E}(Q)\||}$ die Matrix $\bar{Q}_n$ invertierbar ist mit $\bar{Q}_n^{-1} = \bar{Q}_n^+$ und es gilt die Ungleichung

$$\left\|\left\| \bar{Q}_n^{-1} - \mathbb{E}(Q)^{-1} \right\|\right\| \leq 2 \cdot \||\mathbb{E}(Q)\||^2 \cdot \||\Delta_n\||. \tag{8.2}$$

Sei $E_M := \left\{ \||\Delta_n\|| < \frac{1}{2\||\mathbb{E}(Q)\||}, \ \forall n \geq M \right\}, M \in \mathbb{N}$ genau die Menge auf der (8.2) für jedes $n \geq M$ gilt. Nach dem starken Gesetz der großen Zahlen gilt $\mathbb{W}'$-fast-sicher $\||\Delta_n\|| \xrightarrow[n\to\infty]{} 0$, und somit $\mathbb{W}'\left(\bigcup_{M\in\mathbb{N}} E_M\right) = 1$.

Man beachte, dass alle Einträge der Matrix Δ_n und des Vektors δ_n Mittelwerte von u.i.v. zentrierten und quadratintegrierbaren Zufallsvariablen sind. Daher kann der Satz von Hartman-Wintner (siehe Bauer (1995, S. 283)) angewendet werden um folgende Konvergenz zu erhalten.

$$\limsup_{n\to\infty} \sqrt{\frac{n}{\log(\log(n))}} \frac{(\Delta_n)_{ij}}{Var(Q_{ij})} = \sqrt{2}, \quad f.s.,$$

$$\liminf_{n\to\infty} \sqrt{\frac{n}{\log(\log(n))}} \frac{(\Delta_n)_{ij}}{Var(Q_{ij})} = -\sqrt{2}, \quad f.s.,$$

$$\limsup_{n\to\infty}\sqrt{\frac{n}{\log(\log(n))}}\frac{(\delta_n)_i}{Var(\tilde{A}_i\tilde{L})}=\sqrt{2},\quad f.s.,$$

$$\liminf_{n\to\infty}\sqrt{\frac{n}{\log(\log(n))}}\frac{(\delta_n)_i}{Var(\tilde{A}_i\tilde{L})}=-\sqrt{2},\quad f.s.$$

Setzt man $\tilde{K}:=\sqrt{2}\cdot\max\left(\max_{i,j} Var(Q_{ij}),\max_i Var(\tilde{L}\cdot\tilde{A}_i)\right)$ so folgt, dass für $\mathbb{W}'$-fast-sicher jedes $\omega'\in\Omega'$ ein $\tilde{N}(\omega')\in\mathbb{N}$ existiert, sodass $\forall n\geq\tilde{N}(\omega)$

$$\||\Delta_n\||<\tilde{K}\cdot\sqrt{\frac{\log(\log(n))}{n}},$$

$$\|\delta_n\|<\tilde{K}\cdot\sqrt{\frac{\log(\log(n))}{n}}.$$

Wegen (8.2) gilt auf $E_M\ \forall n\geq\left(\tilde{N}(\omega)\vee M\right)$

$$\left\||\bar{Q}_n^{-1}-\mathbb{E}(Q)^{-1}\right\||<\tilde{K}\cdot 2\cdot\||\mathbb{E}(Q)\||^2\cdot\sqrt{\frac{\log(\log(n))}{n}}.\tag{8.3}$$

Setzt man $\bar{K}:=\tilde{K}\cdot 2\cdot\||\mathbb{E}(Q)\||^2$ und $N(\omega'):=\tilde{N}(\omega')\vee M$ für jedes $\omega'\in E_M\setminus E_{M-1}$ so gilt auf $\bigcup_{M\in\mathbb{N}}E_M$ und damit für $\mathbb{W}'$-fast-sicher jedes ω'

$$\left\||\bar{Q}_n^{-1}-\mathbb{E}(Q)^{-1}\right\||<\bar{K}\cdot\sqrt{\frac{\log(\log(n))}{n}}\quad\forall n\geq N(\omega'),$$

$$\|\delta_n\|<\bar{K}\cdot\sqrt{\frac{\log(\log(n))}{n}}\quad\forall n\geq N(\omega').\tag{8.4}$$

Insbesondere folgt

$$\sup_{n\geq N(\omega')}\||\bar{Q}_n^+\||=\sup_{n\geq N(\omega')}\||\bar{Q}_n^{-1}\||<\||\mathbb{E}(Q)^{-1}\||+\sup_{n\in\mathbb{N}}\bar{K}\cdot\sqrt{\frac{\log(\log(n))}{n}}$$

$$=\||\mathbb{E}(Q)^{-1}\||+\bar{K}\cdot\sqrt{\frac{\log(\log(6))}{6}}=:C.\tag{8.5}$$

Einsetzen von (8.5) und der Konvergenzraten aus (8.4) in Ungleichung (8.1) liefert schließlich für alle $n \geq N(\omega')$

$$\|\hat{\alpha}^n - \alpha_{\mathrm{opt}}\| \leq C \cdot \bar{K} \cdot \sqrt{\frac{\log(\log(n))}{n}} + \|\mathbb{E}(\tilde{L} \cdot \tilde{\mathbf{A}})\| \cdot \bar{K} \cdot \sqrt{\frac{\log(\log(n))}{n}}$$

$$=: K \cdot \sqrt{\frac{\log(\log(n))}{n}}.$$

$\square$

Bemerkung 8.1.2

Eine alternative und äquivalente Formulierung des Satzes 8.1.1 ist folgende.

Gegeben $N \in \mathbb{N}$, existiert für fast jedes $\omega' \in \Omega'$ ein $K(\omega')$, sodass $\forall n \geq N$

$$\|\hat{\alpha}^n(\omega') - \alpha_{QTV}\| < K(\omega') \cdot \sqrt{\frac{\log(\log(n))}{n}}.$$

Man kann also entweder die Konvergenzgeschwindigkeit ab einer gewissen Anzahl an Stichproben $N(\omega')$ angeben, die vom Szenario ω' abhängt oder die globale Konvergenzgeschwindigkeit, jedoch mit einer von ω' abhängigen Konstante $K(\omega')$. Insbesondere heißt das in einer praktischen Anwendung, dass man sich in einem schlechten Szenario befinden kann, in dem $N(\omega')$ oder $K(\omega')$ extrem groß ausfallen und die hergeleitete Konvergenzgeschwindigkeit selbst für eine große Anzahl an Stichproben nicht beobachtet wird. Satz 8.1.1 macht über die Größe von $N(\omega')$ und damit $K(\omega')$ keine Aussagen. Da $\hat{\alpha}^n_{QTV}$ und $\hat{\alpha}^n_{QSCF}$ stetig von den Stichproben $\mathbf{C}^A_{t,k}, \mathbf{C}^L_{t,k}$ abhängen, folgt aus der Dvoretzky-Kiefer-Wolfowitz Ungleichung (siehe Dvoretzky u. a. (1956)) zumindest, dass die Wahrscheinlichkeit auf ein solches Szenario zu treffen exponentiell mit der Anzahl der Stichproben fällt. Mit einer entsprechend großen Stichprobenanzahl ist also die Wahrscheinlichkeit vernachlässigbar.

Für das Problem QACF ist ein Nachweis der starken Konsistenz auf Grund der fehlenden expliziten Form des Schätzers und der Lösung α_{QACF} aufwendiger. Der

Beweis des folgenden Satzes wird in Abschnitt 8.2 als Nebenprodukt der asymptotischen Normalität abfallen. Daher bringe ich zunächst die Aussage ohne Beweis vor.

Satz 8.1.3 (Starke Konsistenz von $\hat{\alpha}^n_{\text{QACF}}$)
Seien $\tilde{\mathbf{C}}^A_t \in \mathscr{L}^4(\Omega, \mathscr{F}, \mathbb{W})^m$, $\tilde{C}^L_t \in \mathscr{L}^4(\Omega, \mathscr{F}, \mathbb{W})$ für alle $t \in \mathscr{T}$, $\|.\|_2$ die Euklidsche Norm auf $\mathbb{R}^m$, sowie $\|\|.\|\|$ eine beliebige Matrix Norm auf $\mathbb{R}^{(m+1) \times (m+1)}$. Dann gibt es ein $K_{ACF} > 0$ sodass für $\mathbb{W}'$-fast-sicher alle $\omega' \in \Omega'$ ein $N_{ACF}(\omega') \in \mathbb{N}$ existiert mit

$$\|\hat{\alpha}^n_{QACF}(\omega') - \alpha_{QACF}\| < K_{ACF} \cdot \sqrt{\frac{\log(\log(n))}{n}} \quad \forall n \geq N_{ACF}(\omega')$$

Insbesondere ist der Schätzer $\hat{\alpha}^n_{QACF}$ stark konsistent für α_{QACF}.

Starke Konsistenz allein ist eine beruhigende Gewissheit, jedoch ist für eine Validierung des Schätzers vor allen Dingen ein Konfidenzintervall wünschenswert. Dahingehend sind die Ergebnisse des nächsten Abschnitts sehr nützlich. Es stellt sich heraus, dass alle drei Schätzer asymptotisch normal sind.

8.2 Asymptotische Normalität

Da die Schätzer $\hat{\alpha}^n_{\text{QTV}}$, $\hat{\alpha}^n_{\text{QSCF}}$ und $\hat{\alpha}^n_{\text{QACF}}$ nicht linear bezüglich der Eingangsdaten $\left(C^L_{t,k}, \mathbf{C}^A_{t,k} \right)_{t \in \mathscr{T}, k=1,\dots,n}$ sind, folgt asymptotische Normalität nicht direkt aus dem zentralen Grenzwertsatz. Daher schlage ich den Weg über Taylorreihen ein.

Der folgende Satz ist Schlüssel zum Beweis der asymptotischen Normalität.

Satz 8.2.1
Für beliebiges $R \in \{QTV, QSCF, QACF\}$ sei $\mathscr{X}_R$ endlichdimensionaler Banachraum und $\bar{\mathbf{Q}}_R \in \mathscr{X}_R$ Mittelwert aus n Stichproben einer $\mathscr{X}_R$-wertigen Zufallsvariable Q_R mit Erwartungswert $\mathbf{Q}_R$, sodass der zentrale Grenzwertsatz und das starke Gesetz der großen Zahlen gelten. Weiter sei $g_R : \mathscr{X}_R \mapsto \mathbb{R}^m$ eine Funktion,

die auf einer Umgebung $V_R \subset \mathcal{X}_R$ Fréchet differenzierbar ist mit stetiger Fréchet Ableitung g'_R und für die gilt

$$\alpha_R = g_R(\mathbf{Q}_R),$$
$$\hat{\alpha}_R^n = g_R(\bar{\mathbf{Q}}_R).$$

Dann ist $\hat{\alpha}_R^n$ asymptotisch normal verteilt. Genauer gilt

$$\sqrt{n}\,(\hat{\alpha}_R^n - \alpha_R) \xrightarrow{d} \mathcal{N}(\mathbf{0}, \Sigma_R),$$

wobei

$$\Sigma_R = \mathbf{Cov}\left(g'_R(\mathbf{Q}_R)[Q_R]\right).$$

Beweis. Unter der Bedingung conv $\{\mathbf{Q}_R, \bar{\mathbf{Q}}_R\} \in V_R$, zeigt Hamilton (1982, Theorem 3.2.2), dass

$$\hat{\alpha}_R^n - \alpha_R = g(\bar{\mathbf{Q}}_R) - g(\mathbf{Q}_R)$$
$$= \int_0^1 g'\left((1-t)\mathbf{Q}_R + t\bar{\mathbf{Q}}_R\right)\left[\bar{\mathbf{Q}}_R - \mathbf{Q}_R\right] dt,$$

was umgeschrieben werden kann zu

$$\int_0^1 g'\left((1-t)\mathbf{Q}_R + t\bar{\mathbf{Q}}_R\right)\left[\bar{\mathbf{Q}}_R - \mathbf{Q}_R\right] dt$$
$$= g'(\mathbf{Q}_R)\left[\bar{\mathbf{Q}}_R - \mathbf{Q}_R\right]$$
$$+ \int_0^1 \left(g'\left((1-t)\mathbf{Q}_R + t\bar{\mathbf{Q}}_R\right) - g'\left(\mathbf{Q}_R\right)\right)\left[\bar{\mathbf{Q}}_R - \mathbf{Q}_R\right] dt.$$

Die Linearität des Funktionals $\left(g'\left((1-t)\mathbf{Q}_R + t\bar{\mathbf{Q}}_R\right) - g'\left(\mathbf{Q}_R\right)\right)_{t\in[0,1]}$ impliziert

$$\int_0^1 \left(g'\left((1-t)\mathbf{Q}_R + t\bar{\mathbf{Q}}_R\right) - g'\left(\mathbf{Q}_R\right)\right)\left[\bar{\mathbf{Q}}_R - \mathbf{Q}_R\right] dt$$
$$= \underbrace{\left(\int_0^1 g'\left((1-t)\mathbf{Q}_R + t\bar{\mathbf{Q}}_R\right) - g'\left(\mathbf{Q}_R\right) dt\right)}_{=:L_n}\left[\bar{\mathbf{Q}}_R - \mathbf{Q}_R\right].$$

Wegen des starken Gesetzes der großen Zahlen, kann o.B.d.A. angenommen werden, dass conv $\left\{\mathbf{Q}_R, \bar{\mathbf{Q}}_R\right\} \in V_R$. Sei $\left\|\!\left\|\cdot\right\|\!\right\|$ eine beliebige Norm[2] auf $\mathscr{X}_R$. Da g' stetig ist, ist es gleichmäßig stetig auf kompakten Mengen und daher gilt

$$\sup_{t \in [0,1]} \left\|\!\left\| g'\left((1-t)\mathbf{Q}_R + t\bar{\mathbf{Q}}_R\right) - g'\left(\mathbf{Q}_R\right) \right\|\!\right\| \xrightarrow[n \to \infty]{} 0 \quad f.s.,$$

woraus folgt

$$L_n \xrightarrow[n \to \infty]{} \mathbf{0} \quad f.s.$$

Nach dem zentralen Grenzwertsatz ist $\sqrt{n}\left(\bar{\mathbf{Q}}_R - \mathbf{Q}_R\right)$ beschränkt in Wahrscheinlichkeit[3] und somit erhält man

$$\sqrt{n} \cdot L_n \left[\bar{\mathbf{Q}}_R - \mathbf{Q}_R\right] \xrightarrow[n \to \infty]{} \mathbf{0} \quad f.s.$$

Insgesamt resultiert daraus

$$\sqrt{n}\left(\hat{\alpha}_R^n - \alpha_R\right) = \sqrt{n} \cdot g'\left(\mathbf{Q}_R\right)\left[\bar{\mathbf{Q}}_R - \mathbf{Q}_R\right] + o_p(1).$$

Da $g'\left(\mathbf{Q}_R\right) : \mathscr{X}_R \mapsto \mathbb{R}^m$ linear ist, folgt direkt aus dem zentralen Grenzwertsatz

$$\sqrt{n} \cdot g'\left(\mathbf{Q}_R\right)\left[\bar{\mathbf{Q}}_R - \mathbf{Q}_R\right] \xrightarrow{d} \mathcal{N}\left(\mathbf{0}, \Sigma_R\right).$$

$\square$

Um sich Satz 8.2.1 zu Nutze zu machen, muss also eine entsprechende Funktion g gefunden werden. Wie so oft ist dies für QTV und QSCF deutlich einfacher.

Sei n fest. Im Folgenden verwende ich die Notation (vgl. Proposition 5.3.4)

$$Q^{\text{TVL}} := \begin{pmatrix} \tilde{L} \\ \tilde{\mathbf{A}} \end{pmatrix} \begin{pmatrix} \tilde{L} \\ \tilde{\mathbf{A}} \end{pmatrix}^\top, \qquad \bar{Q}_t^{\text{TVL}} := \frac{1}{n} \sum_{k=1}^n \left[\begin{pmatrix} L_k \\ \mathbf{A}_k \end{pmatrix} \begin{pmatrix} L_k \\ \mathbf{A}_k \end{pmatrix}^\top \right],$$

---

2 Da $\mathscr{X}_R$ endlichdimensional ist, sind alle Normen äquivalent und die spezielle Wahl spielt keine Rolle.

3 Für bel. $\varepsilon > 0$ existiert $M > 0$ sodass für alle $n \in \mathbb{N}$, $\mathbb{W}'\left(\sqrt{n}\left(\bar{\mathbf{Q}}_R - \mathbf{Q}_R\right) > M\right) < \varepsilon$.

$$Q_t^{\text{CFL}} := \begin{pmatrix} \tilde{C}_t^L \\ \tilde{C}_t^A \end{pmatrix} \begin{pmatrix} \tilde{C}_t^L \\ \tilde{C}_t^A \end{pmatrix}^\top, \qquad \bar{Q}_t^{\text{CFL}} := \frac{1}{n} \sum_{k=1}^{n} \left[\begin{pmatrix} C_{t,k}^L \\ \mathbf{C}_{t,k}^A \end{pmatrix} \begin{pmatrix} C_{t,k}^L \\ \mathbf{C}_{t,k}^A \end{pmatrix}^\top \right].$$

Satz 8.2.2 (Asymptotische Normalität von $\hat{\alpha}_{\text{QTV}}^n$ und $\hat{\alpha}_{\text{QSCF}}^n$)
Seien $\tilde{C}_t^L, \tilde{C}_{i,t}^A \in \mathscr{L}^4(\Omega, \mathscr{F}, \mathbb{W})$ für alle $i = 1, \ldots, m$ und $t \in \mathscr{T}$. Dann gilt

$$\sqrt{n} \left(\hat{\alpha}_{\text{QTV}}^n - \alpha_{\text{QTV}} \right) \xrightarrow{d} \mathscr{N} \left(\mathbf{0}, \Sigma_{\text{QTV}} \right),$$

$$\sqrt{n} \left(\hat{\alpha}_{\text{QSCF}}^n - \alpha_{\text{QSCF}} \right) \xrightarrow{d} \mathscr{N} \left(\mathbf{0}, \Sigma_{\text{QSCF}} \right),$$

wobei Σ_{QTV} und Σ_{QSCF} gegeben sind durch

$$\Sigma_{\text{QTV}} = \mathbf{Cov} \left(\mathbb{E} \left(Q^{TV} \right)^{-1} \left(\tilde{L} - \alpha_{\text{QTV}}^\top \tilde{\mathbf{A}} \right) \tilde{\mathbf{A}} \right),$$

$$\Sigma_{\text{QSCF}} = \mathbf{Cov} \left(\mathbb{E} \left(Q^{SCF} \right)^{-1} \sum_{t=1}^{T} \left(\tilde{C}_t^L - \alpha_{\text{QSCF}}^\top \tilde{\mathbf{C}}_t^A \right) \tilde{\mathbf{C}}_t^A \right).$$

Beweis. Ich beweise die Aussage nur für $\hat{\alpha}_{\text{QTV}}^n$. Der Beweis für $\hat{\alpha}_{\text{QSCF}}^n$ ist analog.

Seien die reellen Matrizen $\mathbf{Q} := \mathbb{E} \left(Q^{\text{TVL}} \right)$, $\bar{\mathbf{Q}} := \bar{Q}^{\text{TVL}}$ definiert und sei $g : \mathbb{R}^{(m+1) \times (m+1)} \mapsto \mathbb{R}^m$ für alle invertierbaren Matrizen $\mathbf{M}$ definiert durch

$$g(\mathbf{M}) := \left[\begin{pmatrix} \mathbf{0} \\ \mathbf{I}_m \end{pmatrix}^\top \mathbf{M} \begin{pmatrix} \mathbf{0} \\ \mathbf{I}_m \end{pmatrix} \right]^{-1} \mathbf{e}_1^\top \mathbf{M} \begin{pmatrix} \mathbf{0} \\ \mathbf{I}_m \end{pmatrix}.$$

Dann gelten die Identitäten

$$\alpha_{\text{QTV}} = g \left(\mathbf{Q} \right),$$

$$\hat{\alpha}_{\text{QTV}}^n = g(\bar{\mathbf{Q}}).$$

Offensichtlich gilt für $\bar{\mathbf{Q}}$ der ZGW und das starke Gesetz der großen Zahlen. Da die Matrix $\begin{pmatrix} \mathbf{0} \\ \mathbf{I}_m \end{pmatrix}^\top \mathbf{Q} \begin{pmatrix} \mathbf{0} \\ \mathbf{I}_m \end{pmatrix} = \mathbb{E} \left(Q^{\text{TV}} \right)$ positiv-definit ist, gibt es eine Umgebung

$V \subset \mathbb{R}^{(m+1)\times(m+1)}$ von $\mathbf{Q}$, sodass g auf dieser Umgebung durch obige Vorschrift wohldefiniert ist. Bezeichne allgemein $\mathbf{M}_m := \begin{pmatrix} \mathbf{0} \\ \mathbf{I}_m \end{pmatrix}^{\top} \mathbf{M} \begin{pmatrix} \mathbf{0} \\ \mathbf{I}_m \end{pmatrix}$ die rechte untere Teilmatrix von $\mathbf{M}$. Es ist leicht überprüft, dass g auf V auch Fréchet differenzierbar ist mit stetiger Fréchet Ableitung

$$g'(\mathbf{M})[\mathbf{H}] = \mathbf{M}_m^{-1}\left(\mathbf{e}_1^{\top} \mathbf{H} \begin{pmatrix} \mathbf{0} \\ \mathbf{I}_m \end{pmatrix} - \mathbf{H}_m g(\mathbf{M}) \right). \tag{8.6}$$

Somit sind alle Voraussetzungen von Satz 8.2.1 erfüllt. Es bleibt die Ableitung $g'(\mathbf{Q})[Q^{\mathrm{TVL}}]$ zu berechnen.

Einsetzen von $\mathbf{M} = \mathbf{Q}$ und $\mathbf{H} = Q^{\mathrm{TVL}}$ liefert $\mathbf{M}_m = \mathbb{E}\left(Q^{\mathrm{TV}}\right)$ und $\mathbf{H}_m = Q^{\mathrm{TV}}$, sodass

$$g'(\mathbf{Q})[Q^{\mathrm{TVL}}] = \mathbb{E}\left(Q^{\mathrm{TV}}\right)^{-1}\left(\mathbf{e}_1^{\top} Q^{\mathrm{TVL}} \begin{pmatrix} \mathbf{0} \\ \mathbf{I}_m \end{pmatrix} - Q^{\mathrm{TV}} \alpha_{\mathrm{QTV}} \right)$$

$$= \mathbb{E}\left(Q^{\mathrm{TV}}\right)^{-1}\left(\tilde{L} \cdot \tilde{\mathbf{A}} - \alpha_{\mathrm{QTV}}^{\top} \tilde{\mathbf{A}} \cdot \tilde{\mathbf{A}} \right)$$

und Satz 8.2.1 liefert die Behauptung. $\qquad\qquad\square$

Für α_{QACF} kann auf einen expliziten Ausdruck der Funktion g in Satz 8.2.1 nicht gehofft werden. In diesem Kontext ist der folgende Satz über implizite Funktionen eine große Hilfe (siehe Hunter u. Nachtergaele (2000, S. 398)).

Satz 8.2.3
Seien X,Y,Z Banachräume, U eine offene Teilmenge von $X \times Y$ und $G : U \mapsto Z$ eine stetig differenzierbare Abbildung. Ist $(x_0,y_0) \in U$ so, dass $G(x_0,y_0) = 0$ und $D_y G(x_0,y_0) : Y \mapsto Z$ eine bijektive, lineare und beschränkte Abbildung ist, dann existiert eine offene Umgebung $V \subset X$ von x_0, eine offene Umgebung $W \subset Y$ von y_0 und eine eindeutige Funktion $g : V \mapsto W$, sodass

$$G(x,g(x)) = 0 \quad \forall x \in V.$$

Die Funktion g ist stetig differenzierbar und

$$g'(x) = -\left[D_y G(x,g(x))\right]^{-1} D_x G(x,g(x)).$$

Ein naheliegender Kandidat für die Funktion G in Satz 8.2.3 ist die Ableitung der Zielfunktion $f^{\mathbb{W}}_{\text{QACF}}$ bzgl. $\alpha \in \mathbb{R}^m$. Man beachte, dass mit der eingeführten Notation die Zielfunktionen $f^{\mathbb{W}}_{\text{QACF}}(\alpha)$ und $f^n_{\text{QACF}}(\alpha)$ geschrieben werden können als

$$f^{\mathbb{W}}_{\text{QACF}}(\alpha) = \sum_{t=1}^{T} \left[\begin{pmatrix} 1 \\ -\alpha \end{pmatrix}^{\top} \mathbb{E}\left(Q_t^{\text{CFL}}\right) \begin{pmatrix} 1 \\ -\alpha \end{pmatrix} \right]^{\frac{1}{2}},$$

$$f^n_{\text{QACF}}(\alpha) = \sum_{t=1}^{T} \left[\begin{pmatrix} 1 \\ -\alpha \end{pmatrix}^{\top} \bar{Q}_t^{\text{CFL}} \begin{pmatrix} 1 \\ -\alpha \end{pmatrix} \right]^{\frac{1}{2}}.$$

Wie in Abschnitt 6.1 bereits demonstriert, ist Differenzierbarkeit von $f^{\mathbb{W}}_{\text{QACF}}$ unter Annahme 4, wenn also der Liability Cash-Flow zu keinem Zeitpunkt repliziert werden kann, gegeben. In diesem Fall definiert $\|.\|_{\mathbb{E}\left(Q_t^{\text{CFL}}\right)} := \left[(.)^{\top} \mathbb{E}\left(Q_t^{\text{CFL}}\right) (.) \right]^{\frac{1}{2}}$ eine Norm für jedes $t \in \mathscr{T}$ und die Ableitung von $f^{\mathbb{W}}_{\text{QACF}}$ ist gegeben durch

$$\nabla_\alpha f^{\mathbb{W}}_{\text{QACF}}(\alpha) = \sum_{t=1}^{T} \frac{\begin{pmatrix} \mathbf{0} \\ \mathbf{I}_m \end{pmatrix}^{\top} \mathbb{E}\left(Q_t^{\text{CFL}}\right) \begin{pmatrix} -1 \\ \alpha \end{pmatrix}}{\left\| \begin{pmatrix} -1 \\ \alpha \end{pmatrix} \right\|_{\mathbb{E}\left(Q_t^{\text{CFL}}\right)}}$$

Definiere nun $\mathbf{Q}_{\mathscr{T}} := \left(\mathbb{E}\left(Q_t^{\text{CFL}}\right)\right)_{t \in \mathscr{T}}$, $\bar{\mathbf{Q}}_{\mathscr{T}} := \left(\bar{Q}_t^{\text{CFL}}\right)_{t \in \mathscr{T}} \in \left(\mathbb{R}^{(m+1)\times(m+1)}\right)^{T}$.

Der Ausdruck auf der rechten Seite bleibt wohldefiniert, wenn $\mathbf{Q}_{\mathscr{T}}$ durch $\Lambda_{\mathscr{T}} := (\Lambda_t)_{t \in \mathscr{T}} \in \left(\mathbb{R}^{(m+1)\times(m+1)}\right)^{T}$ ersetzt wird unter der Bedingung

$$\min_{\alpha \in \mathbb{R}^m} \begin{pmatrix} -1 \\ \alpha \end{pmatrix}^{\top} \Lambda_t \begin{pmatrix} -1 \\ \alpha \end{pmatrix} > 0$$

für alle $t \in \mathcal{T}$. Da die Abbildung $\Lambda_t \mapsto \min\limits_{\alpha \in \mathbb{R}^m} \begin{pmatrix} -1 \\ \alpha \end{pmatrix}^{\top} \Lambda_t \begin{pmatrix} -1 \\ \alpha \end{pmatrix}$ stetig ist, existiert eine offene Umgebung $V \subset \left(\mathbb{R}^{(m+1)\times(m+1)} \right)^T$ von $\mathbf{Q}_{\mathcal{T}}$, sodass

$$\sum_{t=1}^{T} \frac{\begin{pmatrix} \mathbf{0} \\ \mathbf{I}_m \end{pmatrix}^{\top} \Lambda_t \begin{pmatrix} -1 \\ \alpha \end{pmatrix}}{\left\| \begin{pmatrix} -1 \\ \alpha \end{pmatrix} \right\|_{\Lambda_t}}$$

wohldefiniert ist für alle $\Lambda_{\mathcal{T}} \in V$.

Dementsprechend setze ich in Satz 8.2.3 $X := \left(\mathbb{R}^{(m+1)\times(m+1)} \right)^T$ mit der Norm $\left\| (\|\|\Lambda_t\|\|)_{t \in \mathcal{T}} \right\|_2$, wobei $\|\|.\|\|$ eine beliebige Matrixnorm auf $\mathbb{R}^{(m+1)\times(m+1)}$ darstellt, sowie $Y = Z := \mathbb{R}^m$ versehen mit der Euklidschen Norm und definiere die Funktion $G : V \times Y \mapsto Z$ durch

$$G(\Lambda_{\mathcal{T}}, \alpha) := \sum_{t=1}^{T} \frac{\begin{pmatrix} \mathbf{0} \\ \mathbf{I}_m \end{pmatrix}^{\top} \Lambda_t \begin{pmatrix} -1 \\ \alpha \end{pmatrix}}{\left\| \begin{pmatrix} -1 \\ \alpha \end{pmatrix} \right\|_{\Lambda_t}}. \tag{8.7}$$

Lemma 8.2.4

Sei Annahme 4 erfüllt, dann existiert eine offene Umgebung V von $\mathbf{Q}_{\mathcal{T}}$ sodass

(i) $G(\mathbf{Q}_{\mathcal{T}}, \alpha_{QACF}) = \mathbf{0}$.

(ii) Für beliebiges $\Lambda_{\mathscr{T}} \in V$ ist $G(\Lambda_{\mathscr{T}}, .) : Y \mapsto Z$ beliebig oft differenzierbar mit erster Ableitung

$$D_\alpha G(\Lambda_{\mathscr{T}}, \alpha) = \sum_{t=1}^{T} \begin{pmatrix} \mathbf{0} \\ \mathbf{I}_m \end{pmatrix}^{\top} \frac{\left\| \begin{pmatrix} -1 \\ \alpha \end{pmatrix} \right\|_{\Lambda_t}^2 \Lambda_t - \Lambda_t \begin{pmatrix} -1 \\ \alpha \end{pmatrix} \begin{pmatrix} -1 \\ \alpha \end{pmatrix}^{\top} \Lambda_t}{\left\| \begin{pmatrix} -1 \\ \alpha \end{pmatrix} \right\|_{\Lambda_t}^3} \begin{pmatrix} \mathbf{0} \\ \mathbf{I}_m \end{pmatrix}$$

(iii) $G(., \alpha) : V \mapsto Z$ ist Fréchet differenzierbar mit stetiger Ableitung

$$D_{\Lambda_{\mathscr{T}}} G(\Lambda_{\mathscr{T}}, \alpha)[\mathbf{H}_{\mathscr{T}}] = \sum_{t=1}^{T} \begin{pmatrix} \mathbf{0} \\ \mathbf{I}_m \end{pmatrix}^{\top} \frac{\left\| \begin{pmatrix} -1 \\ \alpha \end{pmatrix} \right\|_{\Lambda_t}^2 H_t - \frac{1}{2} \left\| \begin{pmatrix} -1 \\ \alpha \end{pmatrix} \right\|_{H_t}^2 \Lambda_t}{\left\| \begin{pmatrix} -1 \\ \alpha \end{pmatrix} \right\|_{\Lambda_t}^3} \begin{pmatrix} -1 \\ \alpha \end{pmatrix}$$

Beweis.

(i) folgt direkt aus den Optimalitätsbedingungen für α_{QACF}.

(ii) und (iii) sind leicht überprüft. Die Ableitung $D_{\Lambda_{\mathscr{T}}} G(\Lambda_{\mathscr{T}}, \alpha)$ ist stetig bzgl. $\Lambda_{\mathscr{T}}$ für beliebiges $\alpha \in \mathbb{R}^m$, da sowohl der Zähler als auch der Nenner stetig bzgl. $\Lambda_{\mathscr{T}}$ sind und per Definition von V der Nenner von der Null wegbeschränkt ist. $\qquad\square$

Um die Bedingungen in Satz 8.2.3 nachzuweisen, muss gezeigt werden, dass $D_\alpha G(\mathbf{Q}_{\mathscr{T}}, \alpha_{\mathrm{QACF}}) : Y \mapsto Z$ beschränkt, linear und invertierbar ist. Da $D_\alpha G(\mathbf{Q}_{\mathscr{T}}, \alpha_{\mathrm{QACF}})$ eine Matrix ist, sind Linearität und Beschränktheit offensichtlich. Es bleibt die Invertierbarkeit .

Proposition 8.2.5
Unter den Annahmen 2 und 4 ist die Matrix $D_\alpha G(\mathbf{Q}_{\mathscr{T}}, \alpha_{\mathrm{QACF}})$ positiv-definit und damit invertierbar.

Beweis. Man beachte, dass $D_\alpha G(\mathbf{Q}_\mathscr{T}, \alpha_{\mathrm{QACF}})$ gerade der Hesse Matrix der Funktion φ aus Abschnitt 6.1 entspricht. Die positive Definitheit dieser Hesse Matrix wurde in Satz 6.1.6 bewiesen. $\qquad\square$

Damit erfüllt G alle Bedingungen aus Satz 8.2.3 und man erhält folgendes Resultat.

Satz 8.2.6
Seien Annahmen 2 und 4 erfüllt. Dann existiert eine offene Umgebung V von $\mathbf{Q}_\mathscr{T} \in \left(\mathbb{R}^{(m+1)\times(m+1)}\right)^T$ und eine eindeutige Fréchet differenzierbare Funktion $g : V \mapsto \mathbb{R}^m$ sodass

$$g(\mathbf{Q}_\mathscr{T}) = \alpha_{QACF},$$
$$g(\bar{\mathbf{Q}}_\mathscr{T}) = \hat{\alpha}^n_{QACF}$$

mit stetiger Ableitung

$$g'(\Lambda_\mathscr{T}) = -\left[D_\alpha G(\Lambda_\mathscr{T}, g(\Lambda_\mathscr{T}))\right]^{-1} D_{\Lambda_\mathscr{T}} G(\Lambda_\mathscr{T}, g(\Lambda_\mathscr{T})).$$

Beweis. Folgt aus Satz 8.2.3, Lemma 8.2.4 und Proposition 8.2.5. $\qquad\square$

Asymptotische Normalität ist nun ein einfaches Korollar der Sätze 8.2.1 und 8.2.6.

Korollar 8.2.7 (Asymptotische Normalität von $\hat{\alpha}^n_{\mathrm{QACF}}$)
Seien Annahmen 2 und 4 erfüllt, dann gilt

$$\sqrt{n}\left(\hat{\alpha}^n_{QACF} - \alpha_{QACF}\right) \xrightarrow{\ d\ } \mathcal{N}\left(\mathbf{0}, \Sigma_{QACF}\right),$$

wobei

$$\Sigma_{QACF} = \mathbf{Cov}\left(g'(\mathbf{Q}_\mathscr{T}) \left[\left(Q^{CFL}_t\right)_{t\in\mathscr{T}}\right]\right)$$

und

$$g'(\mathbf{Q}_\mathscr{T}) = -\left[D_\alpha G(\mathbf{Q}_\mathscr{T}, \alpha_{QACF})\right]^{-1} D_{\mathbf{Q}_\mathscr{T}} G(\mathbf{Q}_\mathscr{T}, \alpha_{QACF}).$$

Beweis. Folgt direkt aus Sätzen 8.2.1 und 8.2.6. $\qquad\square$

Mit diesen Resultaten lässt sich starke Konsistenz des Schätzers $\hat{\alpha}^n_{\mathrm{QACF}}$, wie zu Ende des Abschnitts vorweggenommen, leicht beweisen.

Beweis des Satzes 8.1.3. Auf Grund des Satzes von Hartman und Wintner (Bauer (1995, S. 283)) existiert ein $\tilde{K} > 0$, sodass für $\mathbb{W}'$-fast-sicher jedes $\omega' \in \Omega'$ ein $N_{\mathrm{ACF}}(\omega') \in \mathbb{N}$ existiert mit

$$\left\| \left(\left\| \bar{Q}^{\mathrm{CFL}}_t - Q^{\mathrm{CFL}}_t \right\| \right)_{t \in \mathscr{T}} \right\|_2 < \tilde{K} \cdot \sqrt{\frac{\log(\log(n))}{n}}, \quad \forall n \geq N_{\mathrm{ACF}}(\omega').$$

Wegen Satz 8.2.6 existiert eine offene Umgebung $V \in \left(\mathbb{R}^{(m+1) \times (m+1)} \right)^T$ von $\mathbf{Q}_{\mathscr{T}}$ und eine stetig differenzierbare Funktion $g : V \mapsto \mathbb{R}^m$, sodass unter der Voraussetzung $\bar{\mathbf{Q}}_{\mathscr{T}} \in V$ gilt

$$\hat{\alpha}^n_{\mathrm{QACF}} - \alpha_{\mathrm{QACF}} = g(\bar{\mathbf{Q}}_{\mathscr{T}}) - g(\mathbf{Q}_{\mathscr{T}}).$$

Sei $\Gamma \subset V$ kompakt und $\mathbf{Q}_{\mathscr{T}}$ im Inneren von Γ. Da g stetig differenzierbar auf V ist, ist es insbesondere Lipschitz-stetig auf Γ mit Lipschitz Konstante $L > 0$. Nach dem starken Gesetz der großen Zahlen kann o.B.d.A. angenommen werden, dass auch $\bar{\mathbf{Q}}_{\mathscr{T}} \in \Gamma$. Also gilt für $\mathbb{W}'$-fast-sicher jedes $\omega' \in \Omega'$ und jedes $n \geq N_{\mathrm{ACF}}(\omega')$

$$\begin{aligned}
\left\| \hat{\alpha}^n_{\mathrm{QACF}} - \alpha_{\mathrm{QACF}} \right\|_2 &= \left\| g(\bar{\mathbf{Q}}_{\mathscr{T}}) - g(\mathbf{Q}_{\mathscr{T}}) \right\|_2 \\
&\leq L \cdot \left\| \left(\left\| \bar{Q}^{\mathrm{CFL}}_t - Q^{\mathrm{CFL}}_t \right\| \right)_{t \in \mathscr{T}} \right\|_2 \\
&\leq L \cdot \tilde{K} \cdot \sqrt{\frac{\log(\log(n))}{n}}.
\end{aligned}$$

$\qquad\square$

Bemerkung 8.2.8

Cambou u. Filipovic (2016) beweisen ebenfalls Konsistenz und asymptotische Normalität des Schätzers $\hat{\alpha}^n_{QTV}$. Allerdings zeigen sie dies unter der vereinfachten Annahme, dass die Matrix $\mathbb{E}\left(Q^{TV}\right)$ bekannt ist, bzw. gehen sie von einem Modell aus, in dem $\mathbb{E}\left(Q^{TV}\right)$ analytisch berechnet werden kann.

In diesem Kapitel habe ich also gezeigt, dass die Schätzer der Probleme QTV, QSCF und QACF die erhoffte asymptotische Normalität aufweisen und dieselbe fast-sichere Konvergenzgeschwindigkeit besitzen, wie das arithmetische Mittel einer u.i.v. Folge von Zufallsvariablen. Eine bessere Konvergenzgeschwindigkeit lässt sich mit u.i.v. Stichproben nicht erzielen. Der Schätzer des QACF Problems hat den Nachteil, dass Konfidenzintervalle auf Grund der unbekannten Funktion g nicht explizit angegeben werden können. Auch die Konvergenzgeschwindigkeit kann nur mit unbekannter Konstante K_{ACF} angegeben werden. Eine Validierung des Schätzers ist also ohne Weiteres nicht möglich. Trotzdem sind die vorgebrachten Resultate ein positives Signal für die praktische Anwendung.

Um die Monte-Carlo Analyse der Portfolioschätzer abzuschließen, prüfe ich zuletzt Erwartungstreue. Hier ist die Antwort in allen drei Fällen negativ.

8.3 Erwartungstreue

Bevor man die Frage der Erwartungstreue stellen kann, müsste aus technischer Perspektive erst überprüft werden, ob der Schätzer überhaupt integrierbar ist. Dazu wird Integrierbarkeit zunächst definiert.

Definition 8.3.1
Ein Zufallsvektor X mit Werten in $\mathbb{R}^m$ heißt integrierbar genau dann wenn

$$\|X\| \in \mathscr{L}^1\left(\Omega, \mathscr{F}, \mathbb{W}'\right),$$

wobei $\|.\|$ eine beliebige Norm auf $\mathbb{R}^m$ darstellt[4].

Eine Folge von Zufallsvektoren $(X_n)_{n \in \mathbb{N}}$ heißt gleichgradig integrierbar genau dann wenn $\left(\|X_n\|\right)_{n \in \mathbb{N}} \in \mathscr{L}^1\left(\Omega, \mathscr{F}, \mathbb{W}'\right)^{\mathbb{N}}$ gleichgradig integrierbar ist.

---

4   Da alle Normen auf $\mathbb{R}^m$ äquivalent sind, ist die Wahl irrelevant.

Die Prüfung auf Integrierbarkeit der Schätzer stellt sich als äußerst kompliziert heraus. Für den großen Aufwand einer solchen Untersuchung, ist die Relevanz im Kontext dieser Arbeit zu gering, weshalb Integrierbarkeit nicht weiter analysiert wird. Von nun an wird angenommen, dass $\hat{\alpha}^n_{\text{QTV}}$, $\hat{\alpha}^n_{\text{QSCF}}$ und $\hat{\alpha}^n_{\text{QACF}}$ integrierbar sind.

Ich beginne mit einem Gegenbeispiel zur Erwartungstreue der Schätzer $\hat{\alpha}^n_{\text{QTV}}$ und $\hat{\alpha}^n_{\text{QSCF}}$.

Proposition 8.3.2
Die Schätzer $\hat{\alpha}^n_{QTV}$ und $\hat{\alpha}^n_{QSCF}$ sind im Allgemeinen nicht erwartungstreu.

Beweis. Wie zuvor kann der Beweis für $\hat{\alpha}^n_{\text{QTV}}$ und $\hat{\alpha}^n_{\text{QSCF}}$ analog konstruiert werden, weswegen ich mich auf $\hat{\alpha}^n_{\text{QTV}}$ beschränke.

Es seien folgende Residuen definiert.

$$\varepsilon_{\text{QTV}} := (\alpha_{\text{QTV}})^\top \tilde{\mathbf{A}} - \tilde{L}$$
$$\varepsilon^k_{\text{QTV}} := (\alpha_{\text{QTV}})^\top \mathbf{A}_k - L_k, \quad k = 1, \dots, n,$$

sodass

$$\hat{\alpha}^n_{\text{QTV}} = \left(\bar{Q}^{\text{TV}}_n\right)^+ \cdot \frac{1}{n} \sum_{k=1}^n L_k \cdot \mathbf{A}_k$$
$$= \left(\bar{Q}^{\text{TV}}_n\right)^+ \cdot \frac{1}{n} \sum_{k=1}^n \mathbf{A}_k \left(\alpha^\top_{\text{QTV}} \mathbf{A}_k + \varepsilon^k_{\text{QTV}}\right)$$
$$= \left(\bar{Q}^{\text{TV}}_n\right)^+ \cdot \left(\bar{Q}^{\text{TV}}_n\right) \cdot \alpha_{\text{QTV}} + \left(\bar{Q}^{\text{TV}}_n\right)^+ \cdot \frac{1}{n} \sum_{k=1}^n \mathbf{A}_k \varepsilon^k_{\text{QTV}}$$

Für ein einfaches Beispiel sei angenommen, dass $m = 1$, $n > 2$ und dass $\tilde{A}$ eine Dichtefunktion besitzt. Dann besitzt $\bar{Q}^{\text{TV}}_n = \frac{1}{n} \sum_{k=1}^n (A_k)^2$ $\mathbb{W}'$-fast-sicher eine skalare Inverse. Nun wird das Residuum ε_{QTV} so gewählt, dass es komonoton zu $1/\tilde{A}$

ist. Eine solche Konstruktion erlaubt es die Nichtlinearität bzw. die Konvexität des Schätzers $\hat{\alpha}^n_{\mathrm{QTV}}$ bezüglich der Eingangsdaten $(A_k)_{k=1,...,n}$ auszunutzen um einen Bias zu erhalten.

Habe also $\tilde{L}$ die Form

$$\tilde{L} = \alpha_1 \cdot \tilde{A} + \alpha_2 \cdot \frac{1}{\tilde{A}} + \eta,$$

wobei $\alpha_2 \neq 0$ und $\eta \in \mathscr{L}^4(\Omega, \mathscr{F}, \mathbb{W})$ eine zentrierte, von $\tilde{A}$ stochastisch unabhängige Zufallsvariable ist..

Es kann leicht überprüft werden, dass die Optimallösung gegeben ist durch

$$\alpha_{\mathrm{QTV}} = \alpha_1 + \mathbb{E}\left(\tilde{A}^2\right)^{-1}\alpha_2.$$

Für den Schätzer gilt dagegen

$$\hat{\alpha}^n_{\mathrm{QTV}} = \left(\bar{Q}^{\mathrm{TV}}_n\right)^{-1} \cdot \frac{1}{n} \sum_{k=1}^{n} L_k \cdot A_k$$

$$= \left(\bar{Q}^{\mathrm{TV}}_n\right)^{-1} \cdot \frac{1}{n} \sum_{k=1}^{n} A_k \left(\alpha_1 \cdot A_k + \alpha_2 \cdot \frac{1}{A_k} + \eta_k\right)$$

$$= \alpha_1 + \left(\bar{Q}^{\mathrm{TV}}_n\right)^{-1}\alpha_2 + \left(\bar{Q}^{\mathrm{TV}}_n\right)^{-1} \cdot \frac{1}{n} \sum_{k=1}^{n} A_k \eta_k$$

und somit folgt

$$\mathbb{E}\left(\hat{\alpha}^n_{\mathrm{QTV}}\right) = \alpha_1 + \mathbb{E}\left(\left(\bar{Q}^{\mathrm{TV}}_n\right)^{-1}\right)\alpha_2.$$

Somit ist $\hat{\alpha}^n_{\mathrm{QTV}}$ erwartungstreu genau dann wenn

$$\mathbb{E}\left(\left(\bar{Q}^{\mathrm{TV}}_n\right)^{-1}\right) - \mathbb{E}\left(\tilde{A}^2\right)^{-1}$$

$$= \mathbb{E}\left(\left(\bar{Q}^{\mathrm{TV}}_n\right)^{-1}\right) - \left(\mathbb{E}\left(\bar{Q}^{\mathrm{TV}}_n\right)\right)^{-1}$$

$$= 0. \tag{8.8}$$

Da $\tilde{A}$ eine Dichte besitzt und damit insbesondere nicht konstant ist, kann auch $\bar{Q}_n^{TV}$ nicht konstant sein. Auf Grund von Jensens Ungleichung folgt daraus

$$\left(\mathbb{E}\left(\bar{Q}_n^{TV}\right)\right)^{-1} < \mathbb{E}\left(\left(\bar{Q}_n^{TV}\right)^{-1}\right).$$

Insbesondere ist (8.8) nicht erfüllt und damit $\hat{\alpha}_{QTV}^n$ nicht erwartungstreu für alle $n > 2$. $\qquad\square$

Bemerkung 8.3.3

1. *Die Ursache für den Bias der Schätzer $\hat{\alpha}_{QTV}^n$ und $\hat{\alpha}_{QSCF}^n$ ist die Konvexität der inversen Funktion auf der Menge der positiv-definiten Matrizen. Mit wachsender Anzahl an Stichproben konvergiert $\bar{Q}_n^{TV}$ bzw. $\bar{Q}_n^{SCF}$ gegen die konstante Matrix $\mathbb{E}\left(Q^{TV}\right)$ bzw. $\mathbb{E}\left(Q^{CFL}\right)$. Dadurch verschwindet die Konvexität auf Grund verschwindender Varianz und mit ihr auch der Bias. Satz 8.3.5 liefert den formellen Beweis.*

2. *Da in Cambou u. Filipovic (2016) die Matrix $\mathbb{E}\left(Q^{TV}\right)$ als bekannt vorausgesetzt wird, entfällt die Konvexität von Beginn an und der Schätzer $\hat{\alpha}_{QTV}^n$ ist erwartungstreu.*

Bemerkung 8.3.4

Auch der Schätzer $\hat{\alpha}_{QACF}^n$ ist im Allgemeinen nicht erwartungstreu. Wie in Abschnitt 7.2 demonstriert sind die Probleme QSCF und QACF äquivalent sobald die replizierenden Finanzinstrumente zu disjunkten Zeitpunkten Cash-Flows erzeugen. In diesem Fall ist also auch $\hat{\alpha}_{QACF}^n$ nicht erwartungstreu. Desweiteren müsste für allgemeine Erwartungstreue die Funktion g aus Satz 8.2.6 linear sein, was ausgeschlossen werden kann.

Obwohl Erwartungstreue nicht gegeben ist, kann eine positive Aussage zur asymptotischen Erwartungstreue getroffen werden.

Satz 8.3.5

Sei $R \in \{QTV, QSCF, QACF\}$. Ist die Folge der Schätzer $\hat{\alpha}_R^n$ gleichgradig integrierbar, so konvergiert sie in $\mathscr{L}^1(\mathbb{W}')$ gegen das optimale Portfolio α_R, d.h.

$$\mathbb{E}^{\mathbb{W}'}\left(\|\hat{\alpha}_R^n - \alpha_R\|\right) \xrightarrow[n\to\infty]{} 0.$$

Insbesondere ist $\hat{\alpha}_R^n$ asymptotisch erwartungstreu.

Bemerkung 8.3.6

Wieder kristallisiert sich beim QTV- bzw. QSCF-Problem ein großer Vorteil heraus, wenn angenommen wird, dass die Matrizen $\mathbb{E}\left(Q^{TV}\right)$ bzw. $\mathbb{E}\left(Q^{CFL}\right)$, wie in Cambou u. Filipovic (2016) als bekannt vorausgesetzt werden. Dann folgt aus dem zentralen Grenzwertsatz, sofort asymptotische Normalität von $\left(\sqrt{n}\cdot\left(\hat{\alpha}_{QTV}^n - \alpha_{QTV}\right)\right)_{n\in\mathbb{N}}$. Darüber hinaus kann aber zusätzlich gezeigt werden, dass $\left(\sqrt{n}\cdot\|\hat{\alpha}_{QSCF}^n - \alpha_{QSCF}\|_2\right)_{n\in\mathbb{N}}$ eine gleichgradig integrierbare Folge ist und damit eine Konvergenzgeschwindigkeit in $\mathscr{L}^2(\mathbb{W}')$ angegeben werden kann (siehe Cambou u. Filipovic (2016)).

$$\mathbb{E}^{\mathbb{W}'}\left(\|\hat{\alpha}_R^n - \alpha_R\|_2\right) = O\left(n^{-\frac{1}{2}}\right).$$

Beweis des Satzes 8.3.5. Sätze 8.1.1 und 8.1.3 haben gezeigt, dass $(\hat{\alpha}_R^n)_{n\in\mathbb{N}}$ $\mathbb{W}'$-fast-sicher gegen α_R konvergiert. Ist $(\hat{\alpha}_R^n)_{n\in\mathbb{N}}$ gleichgradig integrierbar, so folgt daraus direkt Konvergenz in $\mathscr{L}^1(\mathbb{W}')$ (vgl. Williams (1991))

$$\mathbb{E}^{\mathbb{W}'}\left(\|\hat{\alpha}_R^n - \alpha_R\|\right) \xrightarrow[n\to\infty]{} 0.$$

$\square$

8.4 Konsequenzen für die Replikationstheorie

Wie in Abschnitt 3.1 erläutert, ist der Versicherer daran interessiert die Risikozahl

$$\rho_{\mathbb{P}}(BOF_1) = \rho_{\mathbb{P}}\left(\mathbf{x}^\top \tilde{\mathbf{A}}_1 - \tilde{L}_1\right) \tag{8.9}$$

gut zu approximieren, wobei $\tilde{\mathbf{A}}_1 := N_1 \cdot \mathbb{E}^{\mathbb{Q}}\left(\tilde{\mathbf{A}}\,\middle|\,\mathscr{F}_1\right)$, $\tilde{L}_1 := N_1 \cdot \mathbb{E}^{\mathbb{Q}}\left(\tilde{L}\,\middle|\,\mathscr{F}_1\right)$ und $\rho_{\mathbb{P}} : \mathscr{L}^0\left(\mathbb{P}\right) \mapsto \mathbb{R}$ ein Risikomaß ist, wie z.B. der Value-at-Risk.

Durch das replizierende Portfolio α_R wird (8.9) über

$$\rho_{\mathbb{P}}\left(\mathbf{x}^{\top}\tilde{\mathbf{A}}_1 - \alpha_R^{\top}\tilde{\mathbf{A}}_1\right) = \rho_{\mathbb{P}}\left((\mathbf{x} - \alpha_R)^{\top}\tilde{\mathbf{A}}_1\right) \tag{8.10}$$

angenähert.

Soll (8.10) mittels Monte-Carlo Simulation geschätzt werden, stellt sich natürlich die Frage, wie schnell und in welchem Sinn der Schätzer von $\rho_{\mathbb{P}}\left((\mathbf{x} - \alpha_R)^{\top}\tilde{\mathbf{A}}_1\right)$ gegen das echte Risikokapital konvergiert.

Jedoch kann selbst unter bekanntem Replikationsportfolio α_R das Risikokapital $\rho_{\mathbb{P}}\left((\mathbf{x} - \alpha_R)^{\top}\tilde{\mathbf{A}}_1\right)$ meistens nicht analytisch berechnet werden und man approximiert es mittels einer Monte-Carlo Simulation der Zufallsvariable $\tilde{\mathbf{A}}_1$. Hierbei spielt natürlich die Verteilung von $\tilde{\mathbf{A}}_1$ unter dem reellen Maß $\mathbb{P}$ die entscheidende Rolle.

Seien also n Szenarien auf $(\Omega', \mathscr{F}', \mathbb{W}')$ erzeugt um den Schätzer $\hat{\alpha}_R^n$ zu kalibrieren. Zur Approximation des Risikokapitals seien $\mathbf{Y}_1, \ldots, \mathbf{Y}_N$ N weitere auf dem Stichprobenraum $(\Omega', \mathscr{F}')$ erzeugte u.i.v. Stichproben der Zufallsgröße $\tilde{\mathbf{A}}_1$, d.h. $\forall \mathbf{y} \in \mathbb{R}^m$, $k = 1, \ldots, N$

$$\mathbb{W}'\left(\mathbf{Y}_k \leq \mathbf{y}\right) = \mathbb{P}\left(\tilde{\mathbf{A}}_1 \leq \mathbf{y}\right).$$

Für beliebiges $\alpha \in \mathbb{R}^m$ bezeichne F^{α} die Verteilungsfunktion von $(\mathbf{x} - \alpha)^{\top}\tilde{\mathbf{A}}_1$ unter $\mathbb{P}$ und mit F_N^{α} die zufällige empirische Verteilungsfunktion aus den Stichproben $(\mathbf{x} - \alpha)^{\top}\mathbf{Y}_1, \ldots, (\mathbf{x} - \alpha)^{\top}\mathbf{Y}_N$, d.h.

$$F_N^{\alpha}(y) = \frac{1}{N}\sum_{k=1}^{N} \mathbf{1}_{(\mathbf{x}-\alpha)^{\top}\mathbf{Y}_k \leq y}, \quad \forall y \in \mathbb{R}.$$

Ziel ist es nun herauszufinden, wie schnell die empirisch geschätzte Risikogröße $\rho_{\mathbb{P}}\left(F_N^{\hat{\alpha}_R^n}\right)$ gegen die unbekannte, echte Größe $\rho_{\mathbb{P}}\left((\mathbf{x} - \alpha_R)^{\top}\tilde{\mathbf{A}}_1\right) = \rho_{\mathbb{P}}\left(F^{\alpha_R}\right)$ im fast-sicheren Sinn konvergiert.

Für die prominentesten Beispiele Value-at-Risk und Average-Value-at-Risk ist folgendes Resultat von Zähle (2011) sehr hilfreich.

Satz 8.4.1

Sei $\beta \in (0,1)$ und $X_1, \ldots, X_N$ auf $(\Omega', \mathcal{F}', \mathbb{W}')$ u.i.v. mit Verteilungsfunktion F. Bezeichne F_N die empirische Verteilungsfunktion von $X_1, \ldots, X_N$. Gelten für F die Bedingungen

$$\limsup_{t \to -\infty} F(t) \cdot |t|^2 < \infty, \quad \limsup_{t \to \infty} (1 - F(t)) \cdot t^2 < \infty, \tag{8.11}$$

dann existiert für jedes $r \in (0, 1/2)$ eine Konstante $K_r^A > 0$, sodass $\mathbb{W}'$-fast-sicher für alle $N \in \mathbb{N}$ gilt:

$$\left| AVaR_\beta(F_N) - AVaR_\beta(F) \right| \leq K_r^A \cdot N^{-r}.$$

Erfüllt F zusätzlich die Voraussetzungen von Lemma 4.2.1, dann existiert für jedes $r \in (0, 1/2)$ und $\mathbb{W}'$-fast-sicher jedes $\omega' \in \Omega'$ eine Konstante $K_r^V(\omega') > 0$, sodass für alle $N \in \mathbb{N}$ gilt:

$$\left| VaR_\beta(F_N) - VaR_\beta(F) \right| \leq K_r^V(\omega') \cdot N^{-r}.$$

Satz 8.4.2 (Fast-sichere Konvergenzrate des AVaR und des VaR)

Sei $\beta \in (0,1)$ und erfülle die Verteilungsfunktion F^{α_R} Bedingung (8.11). Unter den Voraussetzungen von Satz 8.1.1 bzw. 8.1.3 existiert $\tilde{K}_R > 0$ und für jedes $r \in (0, 1/2)$ eine Konstante $K_r > 0$, sowie für $\mathbb{W}'$-fast-sicher jedes $\omega' \in \Omega'$ natürliche Zahlen $N_A(\omega'), N_R(\omega')$, sodass für $N \geq N_A(\omega'), n \geq N_R(\omega')$ gilt:

$$\left| AVaR_\beta\left(F_N^{\hat{\alpha}_R^n} \right) - AVaR_\beta\left(F^{\alpha_R} \right) \right| \leq K_r \cdot N^{-r} + \tilde{K}_R \cdot \sqrt{\frac{\log(\log(n))}{n}}.$$

Erfüllt F^{α_R} zusätzlich die Voraussetzungen von Lemma 4.2.1, so existiert $\tilde{K}_R^V > 0$ und für jedes $r \in (0, 1/2)$ eine Konstante $K_r^V > 0$, sowie $N_A^V(\omega'), N_R^V(\omega') \in \mathbb{N}$, sodass für $N \geq N_A^V(\omega'), n \geq N_R^V(\omega')$ gilt:

$$\left| VaR_\beta\left(F_N^{\hat{\alpha}_R^n} \right) - VaR_\beta\left(F^{\alpha_R} \right) \right| \leq K_r^V \cdot N^{-r} + \tilde{K}_R^V \cdot \left(\frac{\log(\log(n))}{n} \right)^{\frac{1}{4}}.$$

Bemerkung 8.4.3

Bedingung (8.11) ist für F^{α_R} beispielsweise dann erfüllt, wenn $(\mathbf{x} - \alpha_R)^\top \tilde{\mathbf{A}}_1 \in \mathscr{L}^v(\mathbb{P})$ für ein $v > 2$. Gilt Annahme 1 und ist $N_1 \in \mathscr{L}^\infty(\mathbb{W})$ so reicht nach Proposition 4.1.3 hierfür bereits die Annahme $\tilde{\mathbf{C}}_t^A \in \mathscr{L}^v(\mathbb{P})^{m+1}$ und $\tilde{C}_t^L \in \mathscr{L}^v(\mathbb{P})$ für alle $t \in \mathscr{T}$.

Bemerkung 8.4.4

Für den Value-at-Risk liefert Satz 8.4.2 gerade für den Teil eine langsamere Konvergenzrate, welcher rechenaufwändiger zu simulieren ist. Das Ziehen der Stichproben $\mathbf{Y}_1, \ldots, \mathbf{Y}_N$ erzeugt wenig Rechenaufwand, da Finanzinstrumente analytische Bewertungsformeln haben, oder effiziente numerische Verfahren zur Bewertung vorhanden sind. Für die Liabilities, die zur Berechnung des Schätzers $\hat{\alpha}_R^n$ nötig sind, ist dies nicht der Fall. In der Praxis ist ein Verhältnis im Simulationsaufwand von $N \geq 100 \cdot n$ problemlos möglich. Der Fehler bei Approximation des Value-at-Risk wird also durch den Schätzfehler von $\hat{\alpha}_R^n$ dominiert.

Beim Average-Value-at-Risk sind die Konvergenzraten bzgl. beider Stichprobenanzahlen ähnlich. In der Hinsicht hat das Schätzen des AVaR einen Vorteil gegenüber dem VaR.

Für den Beweis von Satz 8.4.2 ist folgendes Lemma nützlich

Lemma 8.4.5

Für beliebiges $\beta \in (0,1)$ und $\alpha_1, \alpha_2 \in \mathbb{R}^m$ gilt:

$$\left| AVaR_\beta \left(F_N^{\alpha_1} \right) - AVaR_\beta \left(F_N^{\alpha_2} \right) \right| \leq \frac{1}{\beta} \cdot \| \alpha_1 - \alpha_2 \|_2 \cdot \frac{1}{N} \sum_{k=1}^{N} \| \mathbf{Y}_k \|_2$$

Erfüllt F^{α_1} oder F^{α_2} zusätzlich die Voraussetzungen von Lemma 4.2.1 für ein $\gamma > 0$, dann existiert $\delta > 0$, sodass unter der Bedingung $d_P\left(F_N^{\alpha_1}, F_N^{\alpha_2} \right) < \delta$ gilt:

$$\left| VaR_\beta \left(F_N^{\alpha_1} \right) - VaR_\beta \left(F_N^{\alpha_2} \right) \right| \leq \left(1 + \frac{1}{\gamma} \right) \cdot \sqrt{\| \alpha_1 - \alpha_2 \|_2} \cdot \sqrt{\frac{1}{N} \sum_{k=1}^{N} \| \mathbf{Y}_k \|_2}.$$

Beweis von Lemma 8.4.5. Auf einem genügend reichhaltigen Wahrscheinlichkeitsraum $(\tilde{\Omega}, \tilde{\mathscr{F}}, \tilde{\mathbb{P}})$ sei eine Zufallsvariable $\mathbf{A}^N$ definiert mit zufälliger empirischer Verteilungsfunktion aus den Stichproben von $\mathbf{Y}_1, \dots, \mathbf{Y}_N$, d.h.

$$F_N^{\mathbf{A}}(\mathbf{y}) = \frac{1}{N} \sum_{k=1}^{N} \mathbf{1}_{\mathbf{Y}_k \leq \mathbf{y}}, \quad \forall \mathbf{y} \in \mathbb{R}^m.$$

Für beliebiges $\alpha \in \mathbb{R}^m$ hat also $(\mathbf{x} - \alpha)^\top \mathbf{A}^N$ die Verteilungsfunktion F_N^α.

Eine analoge Rechnung wie in (3.2) impliziert damit die Ungleichung

$$\left| \mathrm{AVaR}_\beta \left(F_N^{\alpha_1} \right) - \mathrm{AVaR}_\beta \left(F_N^{\alpha_2} \right) \right|$$

$$= \left| \mathrm{AVaR}_\beta \left((\mathbf{x} - \alpha_1)^\top \mathbf{A}^N \right) - \mathrm{AVaR}_\beta \left((\mathbf{x} - \alpha_2)^\top \mathbf{A}^N \right) \right|$$

$$\leq \max \left\{ \mathrm{AVaR}_\beta \left((\alpha_1 - \alpha_2)^\top \mathbf{A}^N \right), \mathrm{AVaR}_\beta \left((\alpha_2 - \alpha_1)^\top \mathbf{A}^N \right) \right\}.$$

Aus Bemerkung 4.1.1 folgt nun die Abschätzung

$$\max \left\{ \mathrm{AVaR}_\beta \left((\alpha_1 - \alpha_2)^\top \mathbf{A}^N \right), \mathrm{AVaR}_\beta \left((\alpha_2 - \alpha_1)^\top \mathbf{A}^N \right) \right\}$$

$$\leq \frac{1}{\beta} \cdot \mathbb{E}^{\tilde{\mathbb{P}}} \left(\left| (\alpha_1 - \alpha_2)^\top \mathbf{A}^N \right| \right).$$

Anwendung der Cauchy-Schwarz Ungleichung liefert nun

$$\mathbb{E}^{\tilde{\mathbb{P}}} \left(\left| (\alpha_1 - \alpha_2)^\top \mathbf{A}^N \right| \right) \leq \| \alpha_1 - \alpha_2 \|_2 \cdot \mathbb{E}^{\tilde{\mathbb{P}}} \left(\| \mathbf{A}^N \|_2 \right) \qquad (8.12)$$

und da $\mathbf{A}^N$ jeden Wert $\mathbf{Y}_k$ (bis auf Mehrfachzählungen) mit Wahrscheinlichkeit $\frac{1}{N}$ annimmt, folgt

$$\mathbb{E}^{\tilde{\mathbb{P}}} \left(\| \mathbf{A}^N \|_2 \right) = \frac{1}{N} \sum_{k=1}^{N} \| \mathbf{Y}_k \|_2. \qquad (8.13)$$

Für den Value-at-Risk existiert nach Proposition 4.2.2 eine Konstante $\delta > 0$, sodass unter der Voraussetzung $d_P \left(F_N^{\alpha_1}, F_N^{\alpha_2} \right) < \delta$ gilt:

$$\left| \mathrm{VaR}_\beta \left(F_N^{\alpha_1} \right) - \mathrm{VaR}_\beta \left(F_N^{\alpha_2} \right) \right| \leq \left(1 + \frac{1}{\gamma} \right) \cdot \mathbb{E}^{\tilde{\mathbb{P}}} \left(\left| (\alpha_1 - \alpha_2)^\top \mathbf{A}^N \right| \right)^{\frac{1}{2}}.$$

Aus (8.12) und (8.13) folgt schließlich

$$\mathbb{E}^{\tilde{\mathbb{P}}}\left(\left|(\alpha_1 - \alpha_2)^\top \mathbf{A}^N\right|\right)^{\frac{1}{2}} \leq \sqrt{\|\alpha_1 - \alpha_2\|_2} \cdot \sqrt{\frac{1}{N}\sum_{k=1}^{N}\|\mathbf{Y}_k\|_2}.$$

$\square$

Beweis von Satz 8.4.2.

AVaR:

Aus der Dreiecksungleichung folgt

$$\left|\text{AVaR}_\beta\left(F_N^{\hat{\alpha}_R^n}\right) - \text{AVaR}_\beta\left(F^{\alpha_R}\right)\right| \leq \left|\text{AVaR}_\beta\left(F_N^{\hat{\alpha}_R^n}\right) - \text{AVaR}_\beta\left(F_N^{\alpha_R}\right)\right|$$
$$+ \left|\text{AVaR}_\beta\left(F_N^{\alpha_R}\right) - \text{AVaR}_\beta\left(F^{\alpha_R}\right)\right|.$$

Für den ersten Term folgt aus Lemma 8.4.5

$$\left|\text{AVaR}_\beta\left(F_N^{\hat{\alpha}_R^n}\right) - \text{AVaR}_\beta\left(F_N^{\alpha_R}\right)\right| \leq \frac{1}{\beta} \cdot \|\hat{\alpha}_R^n - \alpha_R\|_2 \cdot \frac{1}{N}\sum_{k=1}^{N}\|\mathbf{Y}_k\|_2.$$

Nach Satz 8.1.1 bzw. 8.1.3 existiert $K_R > 0$ und für $\mathbb{W}'$-fast-sicher jedes $\omega' \in \Omega'$ ein $N_R(\omega') \in \mathbb{N}$, sodass für alle $n \geq N_R(\omega')$

$$\|\hat{\alpha}_R^n - \alpha_R\|_2 < K_R \cdot \sqrt{\frac{\log(\log(n))}{n}}. \tag{8.14}$$

Aus dem starken Gesetz der großen Zahlen folgt, dass es für $K_Y > \mathbb{E}^{\mathbb{P}}\left(\|\tilde{\mathbf{A}}_1\|_2\right)$ und $\mathbb{W}'$-fast-sicher jedes $\omega' \in \Omega'$ ein $N_A(\omega') \in \mathbb{N}$ gibt, sodass für alle $N \geq N_A(\omega')$ gilt:

$$\frac{1}{N}\sum_{k=1}^{N}\|\mathbf{Y}_k\|_2 < K_Y. \tag{8.15}$$

Sei $\tilde{K}_R := \frac{1}{\beta} \cdot K_R \cdot K_Y$, so gilt also für $n \geq N_R(\omega')$, $N \geq N_A(\omega')$

$$\left|\text{AVaR}_\beta\left(F_N^{\hat{\alpha}_R^n}\right) - \text{AVaR}_\beta\left(F_N^{\alpha_R}\right)\right| \leq \tilde{K}_R \cdot \sqrt{\frac{\log(\log(n))}{n}}.$$

Für den zweiten Term gibt es nach Satz 8.4.1 für jedes $r \in (0, 1/2)$ ein $K_r > 0$, sodass für alle $N \in \mathbb{N}$ gilt:

$$\left| \mathrm{AVaR}_\beta \left(F_N^\alpha \right) - \mathrm{AVaR}_\beta \left(F^\alpha \right) \right| \leq K_r \cdot N^{-r}.$$

Damit ist die Aussage für den Average-Value-at-Risk bewiesen.

VaR:

Für den Value-at-Risk verfahre ich analog.

Aus der Dreiecksungleichung folgt

$$\left| \mathrm{VaR}_\beta \left(F_N^{\hat{\alpha}_R^n} \right) - \mathrm{VaR}_\beta \left(F^{\alpha_R} \right) \right| \leq \left| \mathrm{VaR}_\beta \left(F_N^{\hat{\alpha}_R^n} \right) - \mathrm{VaR}_\beta \left(F_N^{\alpha_R} \right) \right|$$
$$+ \left| \mathrm{VaR}_\beta \left(F_N^{\alpha_R} \right) - \mathrm{VaR}_\beta \left(F^{\alpha_R} \right) \right|.$$

Nach Lemma 8.4.5 existieren $L > 0$ und $\delta > 0$, sodass unter der Bedingung $d_P \left(F_N^{\hat{\alpha}_R^n}, F_N^{\alpha_R} \right) < \delta$ gilt:

$$\left| \mathrm{VaR}_\beta \left(F_N^{\hat{\alpha}_R^n} \right) - \mathrm{VaR}_\beta \left(F_N^{\alpha_R} \right) \right| \leq L \cdot \sqrt{\| \hat{\alpha}_R^n - \alpha_R \|_2} \cdot \sqrt{\frac{1}{N} \sum_{k=1}^N \| \mathbf{Y}_k \|_2}. \qquad (8.16)$$

Aus (8.14) und (8.15) folgt, dass für $n \geq N_R(\omega')$, $N \geq N_A(\omega')$ gilt:

$$\| \hat{\alpha}_R^n - \alpha_R \|_2 \cdot \frac{1}{N} \sum_{k=1}^N \| \mathbf{Y}_k \|_2 < K_R \cdot K_Y \cdot \sqrt{\frac{\log(\log(n))}{n}}. \qquad (8.17)$$

O.B.d.A. sei $N_R^V(\omega') \geq N_R(\omega')$ groß, sodass $\sqrt{K_R \cdot K_Y} \cdot \left(\frac{\log(\log(n))}{n} \right)^{\frac{1}{4}} < \delta$ für alle $n \geq N_R^V(\omega')$. Dann gilt für $n \geq N_R^V(\omega')$ (vgl. Beweise von Proposition 4.2.2 und Lemma 8.4.5):

$$d_P \left(F_N^{\hat{\alpha}_R^n}, F_N^{\alpha_R} \right) \leq \sqrt{d_W \left(F_N^{\hat{\alpha}_R^n}, F_N^{\alpha_R} \right)} \leq \sqrt{\| \hat{\alpha}_R^n - \alpha_R \|_2} \cdot \sqrt{\frac{1}{N} \sum_{k=1}^N \| \mathbf{Y}_k \|_2} < \delta.$$

Definiere $\tilde{K}_R^V := L \cdot \sqrt{K_R \cdot K_Y}$ sowie $N_A^V(\omega') := N_A(\omega')$ für alle $\omega' \in \Omega'$.

Dann folgt aus (8.16) und (8.17) für $n \geq N_R^V(\omega')$, $N \geq N_A^V(\omega')$

$$\left| \text{VaR}_\beta \left(F_N^{\hat{\alpha}_R^n} \right) - \text{VaR}_\beta \left(F_N^{\alpha_R} \right) \right| \leq \tilde{K}_R^V \cdot \left(\frac{\log(\log(n))}{n} \right)^{\frac{1}{4}}.$$

Für den zweiten Term gibt es nach Satz 8.4.1 für $\mathbb{W}'$-fast-sicher jedes $\omega' \in \Omega'$ und $r \in (0, 1/2)$ eine Konstante $K_r^V(\omega') > 0$, sodass für alle $N \in \mathbb{N}$ gilt:

$$\left| \text{VaR}_\beta \left(F_N^{\alpha_R} \right) - \text{VaR}_\beta \left(F^{\alpha_R} \right) \right| \leq K_r^V(\omega') \cdot N^{-r}.$$

Äquivalent dazu, gibt es für jedes $r \in (0, 1/2)$ eine feste Konstante $K_r^V > 0$ und für $\mathbb{W}'$-fast-sicher jedes $\omega' \in \Omega'$ ein $\tilde{N}_A^V(\omega') \in \mathbb{N}$ sodass für alle $N \geq \tilde{N}_A^V(\omega')$ gilt:

$$\left| \text{VaR}_\beta \left(F_N^{\alpha_R} \right) - \text{VaR}_\beta \left(F^{\alpha_R} \right) \right| \leq K_r^V \cdot N^{-r}.$$

O.b.d.A. ist $N_A^V(\omega') \geq \tilde{N}_A^V(\omega')$ für alle $\omega' \in \Omega'$ und es ist alles gezeigt. $\qquad\square$

Bemerkung 8.4.6

Im Fall $R = QTV$ beweisen Cambou u. Filipovic (2016) folgende Aussagen.

$$\left\| \text{AVaR}_\beta \left(F_N^{\hat{\alpha}_R^n} \right) - \text{AVaR}_\beta \left(F^{\alpha_R} \right) \right\|_{\mathbb{W}', 2} \leq K \cdot \sqrt{\frac{1}{n}} \xrightarrow[n \to \infty]{} 0,$$

$$\left| \text{VaR}_\beta \left(F_N^{\hat{\alpha}_R^n} \right) - \text{VaR}_\beta \left(F^{\alpha_R} \right) \right| \xrightarrow[n \to \infty]{} 0 \quad \mathbb{W}'\text{-f.s.}$$

wobei K explizit angegeben wird.

Satz 8.4.2 liefert für den Value-at-Risk ein stärkeres Resultat, da zusätzlich eine Konvergenzgeschwindigkeit hergeleitet wird.

Für den Average-Value-at-Risk erhalten Cambou u. Filipovic (2016) Konvergenz in $\mathscr{L}^2(\mathbb{W}')$, da sie die Matrix $\mathbb{E}(Q^{TV})$ als bekannt voraussetzen. Damit ist leicht *zu zeigen, dass die Folge $\sqrt{n} \cdot \left\| \hat{\alpha}^n_{QTV} - \alpha_{QTV} \right\|_2$ gleichgradig integrierbar ist, woraus obige Konvergenz des Average-Value-at-Risk folgt. Diese Konvergenz lässt sich bei unbekannter Matrix $\mathbb{E}\left(Q^{TV}\right)$ nicht ohne weiteres übertragen, da selbst Integrierbarkeit des Schätzers $\hat{\alpha}^n_{QTV}$ nicht garantiert ist.*

Insgesamt erzeugt Satz 8.4.2 gegenüber den Resultaten von Cambou u. Filipovic (2016) aus vielerlei Hinsicht einen Mehrwert. Erstens sind die Aussagen allgemeiner. Anstatt anzunehmen, dass die Verteilungen von $\tilde{\mathbf{A}}$ und $\tilde{\mathbf{A}}_1$ vollständig bekannt sind, gehe ich davon aus, dass sie über Monte-Carlo Simulation approximiert werden müssen. Zweitens gelten die Konvergenzaussagen neben QTV auch für die Probleme QSCF und QACF. Insbesondere für QACF lässt sich selbst bei bekannter Verteilung von $\tilde{\mathbf{A}}$ bzw. $\tilde{\mathbf{A}}_1$ die Konvergenz des Average-Value-at-Risk in $\mathscr{L}^2\left(\mathbb{W}'\right)$ nicht beweisen, da $\hat{\alpha}^n_{QACF}$ keine explizite Form hat. Drittens wird eine fast-sichere Konvergenzrate sowohl bezüglich der Anzahl n an Stichproben zur Kalibrierung des Schätzers $\hat{\alpha}^n_R$ als auch bezüglich der Anzahl N von Stichproben von $\tilde{\mathbf{A}}_1$ angegeben.

Diese Ergebnisse ermöglichen nun einen Abschluss der Replikationstheorie. Wie Beutner u. a. (2013) unterteile ich den Fehler aus der Replikation in einen Approximations- und einen Schätzfehler.

$$\left| \rho_{\mathbb{P}}\left(BOF_1\right) - \rho_{\mathbb{P}}\left(F_N^{\hat{\alpha}^n_R}\right) \right| \leq \underbrace{\left| \rho_{\mathbb{P}}\left(BOF_1\right) - \rho_{\mathbb{P}}\left(F^{\alpha_R}\right) \right|}_{\text{Approximationsfehler}}$$

$$+ \underbrace{\left| \rho_{\mathbb{P}}\left(F^{\alpha_R}\right) - \rho_{\mathbb{P}}\left(F_N^{\hat{\alpha}^n_R}\right) \right|}_{\text{Schätzfehler}}. \tag{8.18}$$

Wie bereits zu Anfang von Kapitel 4 erwähnt, analysieren Beutner u. a. (2013) welches Verhältnis zwischen der Anzahl an Instrumenten und der Anzahl von Simulationen optimal ist um eine möglichst schnelle Konvergenz von (8.18) zu erreichen. Abhängig davon wie gut sich die Liabilities mit Finanzinstrumenten nachbilden lassen, erhalten Sie bei entsprechendem Verhältnis beliebig große Konvergenz-geschwindigkeiten. Bei fester Anzahl an replizierenden Instrumenten geben sie jedoch keine Schranke für den Approximationsfehler an. Zudem beschränkt sich ihre Untersuchung auf das QTV-Problem.

Im Folgenden leite ich Konvergenzraten für den Schätzfehler gegen Null und für den Approximationsfehler gegen die obere Schranke aus Satz 4.2.6 her. Im Unterschied zu Beutner u. a. (2013) wird also die Anzahl der Replikationsinstrumente als fest vorausgesetzt, weswegen der Approximationsfehler nicht verschwindet. Desweiteren wird die Wahl zwischen den Replikationsproblemen QTV, QSCF und QACF allgemein gehalten.

Ist $\rho_\mathbb{P}$ der Value-at-Risk oder Average-Value-at-Risk, kann die Zielgröße $\rho_\mathbb{P}(BOF_1)$ mit Hilfe eines replizierenden Portfolios $\hat{\alpha}_R^n$ wie folgt approximiert werden.

Der Approximationsfehler hängt ausschließlich von der Anzahl und Art der replizierenden Instrumente ab. Dementsprechend kann dieser Fehler nur durch Hinzunahme oder verbesserte Wahl der Instrumente verringert werden. Nach Satz 4.2.6 kann er unter geeigneten Voraussetzungen über die Zielfunktion $f_{QTV}^\mathbb{O}$ abgeschätzt werden. Falls $N_1 \in \mathscr{L}^2(\mathbb{P})$ gilt

$$\left| \mathrm{AVaR}_\beta(BOF_1) - \mathrm{AVaR}_\beta(F^{\alpha_R}) \right| \leq \frac{1}{\beta} \cdot \|N_1\|_{\mathbb{P},2} \cdot f_{QTV}^\mathbb{O}(\alpha_R)$$

und für geeignete Konstante $\gamma > 0$

$$\left| \mathrm{VaR}_\beta(BOF_1) - \mathrm{VaR}_\beta(F^{\alpha_R}) \right| \leq \left(1 + \frac{1}{\gamma}\right) \cdot \sqrt{\|N_1\|_{\mathbb{P},2}} \cdot \sqrt{f_{QTV}^\mathbb{O}(\alpha_R)}.$$

In Kapitel 4 wurde bewiesen, dass es für $\mathbb{W} = \{\mathbb{Q},\mathbb{P}\}$ und $R \in \{\mathrm{QTV},\mathrm{QSCF},\mathrm{QACF}\}$ ein $C_{\mathbb{W},R} > 0$ gibt, sodass für alle $\alpha \in \mathbb{R}^{m+1}$

$$f_{QTV}^\mathbb{O}(\alpha) \leq C_{\mathbb{W},R} \cdot f_R^\mathbb{W}(\alpha).$$

Der Approximationsfehler ist also durch die gewählte Zielfunktion $f_R^{\mathbb{W}}$ direkt beschränkt.

Jedoch muss der Zielfunktionswert $f_R^{\mathbb{W}}(\alpha_R)$ wieder über Monte-Carlo Simulationen geschätzt werden. Die Intuition lässt vermuten, dass hierzu nicht dieselben Szenarien verwendet werden können, wie zur Schätzung des Portfolios α_R, da sonst in die Szenarien hinein optimiert wird. Der minimale in-sample Zielfunktionswert könnte die obere Schranke unterschätzen. Erstaunlicherweise ist dies nicht der Fall, wie Proposition 8.4.7 zeigt. Die Zielfunktion $f_R^{\mathbb{W}}$ wird mit der zu Anfang des Kapitels definierten empirischen Entsprechung f_R^n angenähert und der Zielfunktionswert $f_R^{\mathbb{W}}(\alpha_R)$ mittels $f_R^n(\hat{\alpha}_R^n)$ geschätzt.

Proposition 8.4.7

Sei $R \in \{QTV, QSCF, QACF\}$. Unter den Voraussetzungen von Satz 8.1.1 bzw. 8.1.3 existieren $\tilde{K}_R > 0$ und für $\mathbb{W}'$-fast-sicher jedes $\omega' \in \Omega'$ eine natürliche Zahl $\tilde{N}_R(\omega') \in \mathbb{N}$, sodass für alle $n \geq \tilde{N}_R(\omega')$ gilt:

$$\left| f_R^{\mathbb{W}}(\alpha_R) - f_R^n(\hat{\alpha}_R^n) \right| \leq \tilde{K}_R \cdot \sqrt{\frac{\log(\log(n))}{n}}.$$

Beweis. Ich beweise nur den Fall $R = \text{QTV}$. Die beiden anderen Fälle können analog gezeigt werden.

Zunächst folgt aus der Dreiecksungleichung

$$\begin{aligned}
\left| f_{\text{QTV}}^{\mathbb{W}}(\alpha_{\text{QTV}}) - f_{\text{QTV}}^n(\hat{\alpha}_{\text{QTV}}^n) \right| &\leq \left| f_{\text{QTV}}^{\mathbb{W}}(\alpha_{\text{QTV}}) - f_{\text{QTV}}^n(\alpha_{\text{QTV}}) \right| \\
&\quad + \left| f_{\text{QTV}}^n(\alpha_{\text{QTV}}) - f_{\text{QTV}}^n(\hat{\alpha}_{\text{QTV}}^n) \right|.
\end{aligned}$$

Für den ersten Term gilt:

$$\begin{aligned}
\left| f_{\text{QTV}}^{\mathbb{W}}(\alpha_{\text{QTV}}) - f_{\text{QTV}}^n(\alpha_{\text{QTV}}) \right| &= \frac{\left| f_{\text{QTV}}^{\mathbb{W}}(\alpha_{\text{QTV}})^2 - f_{\text{QTV}}^n(\alpha_{\text{QTV}})^2 \right|}{f_{\text{QTV}}^{\mathbb{W}}(\alpha_{\text{QTV}}) + f_{\text{QTV}}^n(\alpha_{\text{QTV}})} \\
&\leq \frac{\left| f_{\text{QTV}}^{\mathbb{W}}(\alpha_{\text{QTV}})^2 - f_{\text{QTV}}^n(\alpha_{\text{QTV}})^2 \right|}{f_{\text{QTV}}^{\mathbb{W}}(\alpha_{\text{QTV}})}. \qquad (8.19)
\end{aligned}$$

Nach dem Satz von Hartman-Wintner (Bauer (1995, S. 283)) existiert eine Konstante $K_{\mathrm{HW}} > 0$, sodass $\mathbb{W}'$-fast-sicher

$$\limsup_{n \to \infty} \sqrt{\frac{n}{\log(\log(n))}} \cdot \left| f^{\mathbb{W}}_{\mathrm{QTV}}(\alpha_{\mathrm{QTV}})^2 - f^{n}_{\mathrm{QTV}}(\alpha_{\mathrm{QTV}})^2 \right| = K_{\mathrm{HW}}$$

Für $\mathbb{W}'$-fast-sicher jedes $\omega' \in \Omega'$ gibt es also ein $N_A(\omega') \in \mathbb{N}$, sodass für alle $n \geq N_A(\omega')$ gilt:

$$\left| f^{\mathbb{W}}_{\mathrm{QTV}}(\alpha_{\mathrm{QTV}})^2 - f^{n}_{\mathrm{QTV}}(\alpha_{\mathrm{QTV}})^2 \right| \leq K_{\mathrm{HW}} \cdot \sqrt{\frac{\log(\log(n))}{n}}.$$

und wegen (8.19)

$$\left| f^{\mathbb{W}}_{\mathrm{QTV}}(\alpha_{\mathrm{QTV}}) - f^{n}_{\mathrm{QTV}}(\alpha_{\mathrm{QTV}}) \right| \leq \frac{K_{\mathrm{HW}}}{f^{\mathbb{W}}_{\mathrm{QTV}}(\alpha_{\mathrm{QTV}})} \cdot \sqrt{\frac{\log(\log(n))}{n}}.$$

Für den zweiten Term folgt aus der umgekehrten Dreiecksungleichung

$$\left| f^{n}_{\mathrm{QTV}}(\alpha_{\mathrm{QTV}}) - f^{n}_{\mathrm{QTV}}(\hat{\alpha}^{n}_{\mathrm{QTV}}) \right| \leq \left[\frac{1}{n} \sum_{k=1}^{n} \left((\hat{\alpha}^{n}_{\mathrm{QTV}} - \alpha_{\mathrm{QTV}})^{\top} \mathbf{A}_k \right)^2 \right]^{\frac{1}{2}}.$$

Die Cauchy-Schwarz Ungleichung liefert nun

$$\left[\frac{1}{n} \sum_{k=1}^{n} \left((\hat{\alpha}^{n}_{\mathrm{QTV}} - \alpha_{\mathrm{QTV}})^{\top} \mathbf{A}_k \right)^2 \right]^{\frac{1}{2}} \leq \left[\frac{1}{n} \sum_{k=1}^{n} \left\| \hat{\alpha}^{n}_{\mathrm{QTV}} - \alpha_{\mathrm{QTV}} \right\|_2^2 \cdot \left\| \mathbf{A}_k \right\|_2^2 \right]^{\frac{1}{2}}$$

$$= \left\| \hat{\alpha}^{n}_{\mathrm{QTV}} - \alpha_{\mathrm{QTV}} \right\|_2 \cdot \left[\frac{1}{n} \sum_{k=1}^{n} \left\| \mathbf{A}_k \right\|_2^2 \right]^{\frac{1}{2}}$$

Nach Satz 8.1.1 existiert $K_{\mathrm{TV}} > 0$ und für $\mathbb{W}'$-fast-sicher jedes $\omega' \in \Omega'$ ein $\tilde{N}_{\mathrm{TV}}(\omega') \in \mathbb{N}$, sodass für alle $n \geq \tilde{N}_{\mathrm{TV}}(\omega')$ gilt:

$$\left\| \hat{\alpha}^{n}_{\mathrm{QTV}} - \alpha_{\mathrm{QTV}} \right\|_2 \leq K_{\mathrm{TV}} \cdot \sqrt{\frac{\log(\log(n))}{n}}.$$

Aus dem starken Gesetz der großen Zahlen folgt, dass für feste Konstante $K_A >$ $\|\tilde{\mathbf{A}}\|_{\mathbb{W},2}$ und $\mathbb{W}'$-fast-sicher jedes $\omega' \in \Omega'$ ein $\tilde{N}_A(\omega') \in \mathbb{N}$ existiert, sodass für alle $n \geq \tilde{N}_A(\omega')$ gilt:

$$\left[\frac{1}{n} \sum_{k=1}^{n} \|\mathbf{A}_k\|_2^2 \right]^{\frac{1}{2}} \leq K_A.$$

O.B.d.A. ist $\tilde{N}_{\text{TV}}(\omega') \geq \max\left\{ N_A(\omega'), \tilde{N}_A(\omega') \right\}$ für alle $\omega' \in \Omega'$ und somit gilt für alle $n \geq \tilde{N}_{\text{TV}}(\omega')$:

$$\left| f_{\text{QTV}}^{\mathbb{W}}(\alpha_{\text{QTV}}) - f_{\text{QTV}}^{n}(\alpha_{\text{QTV}}) \right| \leq \frac{K_{\text{HW}}}{f_{\text{QTV}}^{\mathbb{W}}(\alpha_{\text{QTV}})} \cdot \sqrt{\frac{\log(\log(n))}{n}},$$

$$\left| f_{\text{QTV}}^{n}(\alpha_{\text{QTV}}) - f_{\text{QTV}}^{n}(\hat{\alpha}_{\text{QTV}}^{n}) \right| \leq K_{\text{TV}} \cdot K_A \cdot \sqrt{\frac{\log(\log(n))}{n}}.$$

Damit ist die Behauptung mit $\tilde{K}_{\text{TV}} := \frac{K_{\text{HW}}}{f_{\text{QTV}}^{\mathbb{W}}(\alpha_{\text{QTV}})} + K_{\text{TV}} \cdot K_A$ bewiesen. $\qquad\square$

Damit ist das Konvergenzverhalten des Approximationsfehlers in einer Monte-Carlo Simulation vollständig beschrieben.

Der Schätzfehler entsteht nun aus dem Monte-Carlo Fehler bei der Schätzung des Replikationsportfolios α_R und der Verteilungsfunktion F^{α_R}. Hier liefert Satz 8.4.2 unter geeigneten Voraussetzungen die Konvergenz

$$\left| \text{AVaR}_\beta \left(F^{\alpha_R} \right) - \text{AVaR}_\beta \left(F_N^{\alpha_R^n} \right) \right| \underset{N,n\to\infty}{\longrightarrow} 0, \quad \mathbb{W}'\text{-f.s.}$$

$$\left| \text{VaR}_\beta \left(F^{\alpha_R} \right) - \text{VaR}_\beta \left(F_N^{\alpha_R^n} \right) \right| \underset{N,n\to\infty}{\longrightarrow} 0, \quad \mathbb{W}'\text{-f.s.}$$

Somit sind alle Resultate vorhanden, die notwendig für die vollständige Begründung der Replikationstheorie sind. Satz 8.4.8 fasst die Erkenntnisse aus der gesamten Arbeit in einer Konvergenzaussage zusammen.

Satz 8.4.8 (Mathematische Fundierung replizierender Portfolios)
Sei Annahme 1 erfüllt und es gelte $N_1 \in \mathscr{L}^\infty(\Omega, \mathscr{F}, \mathbb{P})$ sowie $\tilde{C}_t^L, \tilde{C}_{i,t}^A \in \mathscr{L}^4(\Omega, \mathscr{F}, \mathbb{P})$ für alle $i = 1, \ldots, m$ und $t \in \mathscr{T}$. Weiter sei $Z := \frac{d\mathbb{P}}{d\mathbb{Q}}\big|_{\mathscr{F}_1} \in \mathscr{L}^\infty(\mathbb{Q})$ wie in Satz 4.3.1, $C_{\mathbb{P},\mathbb{Q}} > 0$ wie in Satz 4.4.1 und seien folgende Konstanten definiert.

$$C_{QTV}^{\mathbb{O}} := 1 \qquad C_{QACF}^{\mathbb{O}} = 1 \qquad C_{QSCF}^{\mathbb{O}} := \sqrt{T}$$

$$C_{QTV}^{\mathbb{Q}} := \sqrt{\|Z\|_{\mathbb{Q},\infty}} \qquad C_{QACF}^{\mathbb{Q}} := \sqrt{\|Z\|_{\mathbb{Q},\infty}} \qquad C_{QSCF}^{\mathbb{Q}} := \sqrt{T} \cdot \sqrt{\|Z\|_{\mathbb{Q},\infty}}$$

$$C_{QTV}^{\mathbb{P}} := C_{\mathbb{P},\mathbb{Q}} \qquad C_{QACF}^{\mathbb{P}} := C_{\mathbb{P},\mathbb{Q}} \qquad C_{QSCF}^{\mathbb{P}} := \sqrt{T} \cdot C_{\mathbb{P},\mathbb{Q}}$$

Dann gilt für $R \in \{QTV, QSCF, QACF\}$ und $\mathbb{W} \in \{\mathbb{O}, \mathbb{Q}, \mathbb{P}\}$ folgende Aussage.

Sei $\beta \in (0, 1)$. Es existiert $K_R > 0$ und für jedes $r \in (0, 1/2)$ eine Konstante $K_r > 0$ sowie $\mathbb{W}'$-fast-sicher jedes $\omega' \in \Omega'$ natürliche Zahlen $N_A(\omega'), N_R(\omega') \in \mathbb{N}$, sodass für alle $N \geq N_A(\omega'), n \geq N_R(\omega')$ gilt:

$$\left| AVaR_\beta \left(BOF_1 \right) - AVaR_\beta \left(F_N^{\hat{\alpha}_R^n} \right) \right| \leq \frac{1}{\beta} \cdot \|N_1\|_{\mathbb{P},2} \cdot C_R^{\mathbb{W}} \cdot f_R^n(\hat{\alpha}_R^n)$$
$$+ K_r \cdot N^{-r}$$
$$+ K_R \cdot \sqrt{\frac{\log(\log(n))}{n}}.$$

Erfüllen BOF_1 sowie F^{α_R} die Voraussetzungen aus Lemma 4.2.1 für ein $\gamma > 0$, dann existiert $\delta > 0$, sodass unter der Bedingung $d_P(BOF_1, F^{\alpha_R}) < \delta$ für alle $N \geq N_A(\omega'), n \geq N_R(\omega')$ gilt:

$$\left| VaR_\beta \left(BOF_1 \right) - VaR_\beta \left(F_N^{\hat{\alpha}_R^n} \right) \right| \leq \left(1 + \frac{1}{\gamma} \right) \cdot \sqrt{\|N_1\|_{\mathbb{P},2} \cdot C_R^{\mathbb{W}}} \cdot \sqrt{f_R^n(\hat{\alpha}_R^n)}$$
$$+ K_r \cdot N^{-r}$$
$$+ K_R \left(\frac{\log(\log(n))}{n} \right)^{\frac{1}{4}}.$$

Bemerkung 8.4.9

Die minimalen Konstanten $\|Z\|_{\mathbb{Q},\infty}$ und $C_{\mathbb{P},\mathbb{Q}}$ können in einer praktischen Anwendung jeweils nach Anleitung in Bemerkung 4.3.8 bzw. 4.4.2 berechnet werden.

Beweis. Zunächst unterteile ich wieder in Approximations- und Schätzfehler. Anwendung der Dreiecksungleichung impliziert für beliebiges Risikomaß $\rho_{\mathbb{P}}$

$$\left| \rho_{\mathbb{P}}\left(BOF_1\right) - \rho_{\mathbb{P}}\left(F_N^{\hat{\alpha}_R^n}\right) \right| \leq \left| \rho_{\mathbb{P}}\left(BOF_1\right) - \rho_{\mathbb{P}}\left(F^{\alpha_R}\right) \right| + \left| \rho_{\mathbb{P}}\left(F^{\alpha_R}\right) - \rho_{\mathbb{P}}\left(F_N^{\hat{\alpha}_R^n}\right) \right|$$

Approximationsfehler:

Gemäß Satz 4.2.6 gilt

$$\left| \mathrm{AVaR}_\beta\left(BOF_1\right) - \mathrm{AVaR}_\beta\left(F^{\alpha_R}\right) \right| \leq \frac{1}{\beta} \cdot \|N_1\|_{\mathbb{P},2} \cdot f_{\mathrm{QTV}}^{\mathbb{O}}(\alpha_R)$$

und es existiert ein $\delta > 0$, sodass gegeben $d_P\left(BOF_1, F^{\alpha_R}\right) < \delta$ folgt

$$\left| \mathrm{VaR}_\beta\left(BOF_1\right) - \mathrm{VaR}_\beta\left(F^{\alpha_R}\right) \right| \leq \left(1 + \frac{1}{\gamma}\right) \cdot \sqrt{\|N_1\|_{\mathbb{P},2}} \cdot \sqrt{f_{\mathrm{QTV}}^{\mathbb{O}}(\alpha_R)}.$$

Aus Sätzen 4.3.1 und 4.4.1 entnimmt man für $\mathbb{W} \in \{\mathbb{Q}, \mathbb{P}\}$

$$f_{\mathrm{QTV}}^{\mathbb{O}}(\alpha_R) \leq C_{\mathrm{QTV}}^{\mathbb{W}} \cdot f_{\mathrm{QTV}}^{\mathbb{W}}(\alpha_R)$$

und aus Proposition 5.3.3 lässt sich schließlich für jedes R folgern

$$f_R^{\mathbb{O}}(\alpha_R) \leq C_R^{\mathbb{W}} \cdot f_R^{\mathbb{W}}(\alpha_R).$$

Damit erhält man insgesamt für jedes $\mathbb{W} \in \{\mathbb{O}, \mathbb{Q}, \mathbb{P}\}$ und jedes R

$$\left| \mathrm{AVaR}_\beta\left(BOF_1\right) - \mathrm{AVaR}_\beta\left(F^{\alpha_R}\right) \right| \leq \frac{1}{\beta} \cdot \|N_1\|_{\mathbb{P},2} \cdot C_R^{\mathbb{W}} \cdot f_R^{\mathbb{W}}(\alpha_R),$$

$$\left| \mathrm{VaR}_\beta\left(BOF_1\right) - \mathrm{VaR}_\beta\left(F^{\alpha_R}\right) \right| \leq \left(1 + \frac{1}{\gamma}\right) \cdot \sqrt{\|N_1\|_{\mathbb{P},2} \cdot C_R^{\mathbb{W}}} \cdot \sqrt{f_R^{\mathbb{W}}(\alpha_R)}.$$

Da $f_R^{\mathbb{W}}(\alpha_R) > 0$, gilt für $L > \left[f_R^{\mathbb{W}}(\alpha_R)\right]^{-\frac{1}{2}}$ und für alle $\omega' \in \Omega'$

$$\left|\sqrt{f_R^{\mathbb{W}}(\alpha_R)} - \sqrt{f_R^n(\hat{\alpha}_R^n(\omega'))(\omega')}\right| \leq L \cdot \left|f_R^{\mathbb{W}}(\alpha_R) - f_R^n(\hat{\alpha}_R^n(\omega'))(\omega')\right|$$

und somit existiert nach Proposition 8.4.7 eine Konstante $\tilde{K}_R > 0$ und für $\mathbb{W}'$-fast-sicher jedes $\omega' \in \Omega'$ eine natürliche Zahl $\tilde{N}_R(\omega') \in \mathbb{N}$, sodass für alle $n \geq \tilde{N}_R(\omega')$ gilt:

$$\left|\mathrm{AVaR}_\beta\left(BOF_1\right) - \mathrm{AVaR}_\beta\left(F^{\alpha_R}\right)\right| \leq \frac{1}{\beta} \cdot \|N_1\|_{\mathbb{P},2} \cdot C_R^{\mathbb{W}} \cdot f_R^n(\hat{\alpha}_R^n)$$

$$+ \tilde{K}_R \cdot \sqrt{\frac{\log(\log(n))}{n}},$$

$$\left|\mathrm{VaR}_\beta\left(BOF_1\right) - \mathrm{VaR}_\beta\left(F^{\alpha_R}\right)\right| \leq \left(1 + \frac{1}{\gamma}\right) \cdot \sqrt{\|N_1\|_{\mathbb{P},2} \cdot C_R^{\mathbb{W}}} \cdot \sqrt{f_R^n(\hat{\alpha}_R^n)}$$

$$+ \tilde{K}_R \cdot \sqrt{\frac{\log(\log(n))}{n}}.$$

Schätzfehler:

Aus Propositionen 4.1.3 und 4.1.9 folgt, dass für jedes Maß $\mathbb{W} \in \{\mathbb{O}, \mathbb{Q}, \mathbb{P}\}$ und für alle $i = 1, \dots, m$ und $t \in \mathscr{T}$ gilt:

$$\tilde{C}_t^L, \tilde{C}_{i,t}^A \in \mathscr{L}^4(\Omega, \mathscr{F}, \mathbb{W}).$$

Somit sind die Voraussetzungen von Satz 8.1.1 und 8.1.3 erfüllt. Außerdem erfüllt F^{α_R} nach Bemerkung 8.4.3 Bedingung (8.11) in Satz 8.4.1.

Folglich sind auch alle Voraussetzungen von Satz 8.4.2 erfüllt. Es existiert also $\bar{K}_R > 0$, für jedes $r \in (0, 1/2)$ eine Konstante $K_r > 0$ und für $\mathbb{W}'$-fast-sicher jedes $\omega' \in \Omega'$ Zahlen $N_A(\omega'), N_R(\omega') \in \mathbb{N}$, sodass für $N \geq N_A(\omega')$ und $n \geq N_R(\omega')$ gilt:

$$\left|\mathrm{AVaR}_\beta\left(F_N^{\hat{\alpha}_R^n}\right) - \mathrm{AVaR}_\beta\left(F^{\alpha_R}\right)\right| \leq K_r \cdot N^{-r} + \bar{K}_R \cdot \sqrt{\frac{\log(\log(n))}{n}},$$

$$\left|\mathrm{VaR}_\beta\left(F_N^{\hat{\alpha}_R^n}\right) - \mathrm{VaR}_\beta\left(F^{\alpha_R}\right)\right| \leq K_r \cdot N^{-r} + \bar{K}_R \left(\frac{\log(\log(n))}{n}\right)^{\frac{1}{4}}.$$

Addiert man nun Approximations- und Schätzfehler, kann o.B.d.A. angenommen werden, dass $N_R(\omega') \geq \tilde{N}_R(\omega')$ für alle $\omega' \in \Omega'$.

Sei $K_R > 0$ hinreichend groß. Dann ergibt Addition des Approximations- und des Schätzfehlers für alle $N \geq N_A(\omega'), n \geq N_R(\omega')$

$$\left| \mathrm{AVaR}_\beta \left(BOF_1 \right) - \mathrm{AVaR}_\beta \left(F_N^{\hat{\alpha}_R^n} \right) \right| \leq \frac{1}{\beta} \cdot \|N_1\|_{\mathbb{P},2} \cdot C_R^{\mathbb{W}} \cdot f_R^n(\hat{\alpha}_R^n)$$
$$+ K_r \cdot N^{-r}$$
$$+ K_R \cdot \sqrt{\frac{\log(\log(n))}{n}},$$

$$\left| \mathrm{VaR}_\beta \left(BOF_1 \right) - \mathrm{VaR}_\beta \left(F_N^{\hat{\alpha}_R^n} \right) \right| \leq \left(1 + \frac{1}{\gamma} \right) \cdot \sqrt{\|N_1\|_{\mathbb{P},2} \cdot C_R^{\mathbb{W}}} \cdot \sqrt{f_R^n(\hat{\alpha}_R^n)}$$
$$+ K_r \cdot N^{-r}$$
$$+ K_R \cdot \left(\frac{\log(\log(n))}{n} \right)^{\frac{1}{4}}.$$

$\square$

Für den Average-Value-at-Risk zeigt Satz 8.4.8, dass die Konvergenz bezüglich n und N vergleichbar ist. Dominiert wird daher der Fehler durch die n Szenarien zur Schätzung des Replikationsportfolios, für welche die rechenaufwändige Erzeugung von Liability Cash-Flows notwendig ist. Die Annäherung der Verteilungsfunktion F^{α_R} hingegen ist um ein Vielfaches günstiger, da hierfür lediglich Szenarien der Finanzinstrumente erzeugt werden müssen.

Im Vergleich steht für den Value-at-Risk die langsame Konvergenzrate bezüglich der Anzahl an Szenarien zur Schätzung des Replikationsportfolios im Vordergrund. Um die gleiche Konvergenzrate wie für den Average-Value-at-Risk zu erzielen, ist die quadrierte Anzahl an Szenarien nötig. Unter Berücksichtigung der teuren Simulation dieser Szenarien ist der Unterschied gravierend. Der Average-Value-at-Risk verhält sich numerisch also besser als der Value-at-Risk.

9 Schlussbetrachtung

Vor Beginn dieser Arbeit gab es keine theoretische Begründung oder mathematische Analyse replizierender Portfolios in der Lebensversicherung. Parallel zu den Publikationen Beutner u. a. (2013), Pelsser u. Schweizer (2016), Beutner u. a. (2015) und Cambou u. Filipovic (2016) ist mit den Ergebnissen der Dissertation diese Lücke weitestgehend geschlossen worden. Die Erkenntnisse aus dieser Arbeit werden im Folgenden zusammengefasst.

Basierend auf einer mathematischen Definition des gesuchten Risikokapitals, formulierte ich eine Klasse von Replikationsproblemen, die alle in der Praxis üblicherweise verwendeten Replikationen einschließt und eine möglichst genaue Schätzung des Risikokapitals gewähren sollte. Die offenen Parameter dieser Klasse waren neben der Wahl des Wahrscheinlichkeitsmaßes und der Metrik insbesondere die Entscheidung zwischen dem Cash-Flow-Matching und dem Terminal-Value-Matching. Für die gesamte Klasse bewies ich, dass der resultierende minimale Zielfunktionswert eine obere Schranke für den Approximationsfehler darstellt. Eine gute Replikation kann also nicht mit einer beliebigen Fehlschätzung des Risikokapitals einhergehen. Im Zuge dieser Erkenntnis leitete ich eine neue Formulierung des Hauptsatzes der Finanzmathematik her. Dieser zeigt die Existenz eines risikoneutralen Maßes $\mathbb{Q}$, sodass nicht nur der Maßwechsel von $\mathbb{P}$ nach $\mathbb{Q}$ beschränkt ist, sondern zumindest in der ersten Periode auch der Wechsel zurück von $\mathbb{Q}$ nach $\mathbb{P}$. Gerade für die in der Praxis verwendete Replikation unter $\mathbb{Q}$ ist dieser Satz entscheidend für die mathematische Fundierung.

Es stellte sich anschließend die Frage welche Parameter minimale Schranken liefern. Im Laufe der daraus folgenden Analyse kristallisierte sich ein zunehmend deutlicheres Bild der optimalen Wahl heraus. Das aus reellem und risikoneutralem Maß zusammengesetzte Wahrscheinlichkeitsmaß $\mathbb{O}$, die Verwendung der $\mathscr{L}^1$-Norm als Metrik, sowie das Terminal-Value-Matching lieferten die kleinsten Schranken.

Aus anderen Perspektiven ist diese Parameterkonstellation jedoch suboptimal. Auf Grund vorgegebener ESG Dateien kann in der Praxis zum heutigen Zeitpunkt nicht unter $\mathbb{O}$ sondern nur unter dem risikoneutralen Maß optimiert werden. Der Rechenaufwand zur Lösung des Replikationsproblems in einer Monte-Carlo Simulation steigt bei Optimierung in der $\mathscr{L}^1$-Norm mit der Anzahl der erzeugten Szenarien. Unter der $\mathscr{L}^2$-Norm ist der Aufwand von der Szenarienanzahl jedoch unabhängig. Beim Terminal-Value-Matching ist im Vergleich zum Cash-Flow -Matching die Gefahr des Overfitting groß. In out-of-sample Tests beweist Letzteres größere Robustheit.

Da die $\mathscr{L}^2$-Norm mehr Raum für analytische Mathematik anbietet, legte ich mich daraufhin auf diese Norm fest. Für die zeitliche Gewichtung der Fehler im Cash-Flow-Matching verwendete ich sowohl die Euklidische als auch die Summennorm, woraus jeweils die Probleme QSCF und QACF entstanden. Zuvor hatte ich bereits demonstriert, dass die Berechnung der Lösung des Terminal-Value-Matchings (QTV) und der beiden Cash-Flow-Matching Probleme in einer Monte-Carlo Simulation ähnlich rechenaufwändig ist. In der Hinsicht konnte also kein Replikationsproblem favorisiert werden. In der Folge zeigte ich Existenz und Eindeutigkeit der Lösungen von QTV, QSCF und QACF. Über simultane Diagonalisierung, Zeitseparabilität und dynamisches Handeln des Numéraires konnte ich die folgenden direkten Zusammenhänge zwischen den Problemen herleiten.

1. Der Unterschied zwischen QSCF und QTV liegt vorwiegend in der Berücksichtigung der intertemporalen Korrelationen zwischen Cash-Flows. Hohe Korrelationen werden durch QTV gemieden, da sie eine hohe Varianz im Terminal Value hervorrufen. QSCF ist gegen intertemporale Korrelationen auf Grund der zeitlich separaten Bewertung der Matching Fehler immun. Speziell pfadabhängige Finanzinstrumenten erzeugen häufig Cash-Flows mit hohen intertemporalen Korrelationen. Bei Verwendung solcher Instrumente könnte QSCF hier robuster sein.

2. QSCF und QACF sind äquivalent, wenn die Menge der Finanzinstrumente in Teilmengen gespaltet werden kann, sodass die aus zwei verschiedenen Teilmengen erzeugten Cash-Flows ausschließlich zu disjunkten Zeitpunkten stattfinden. QACF hat gegenüber QSCF den Vorteil, dass erwartete Matching Fehler in ei-

nem Zeitpunkt nicht quadratisch sondern nur linear eingehen. Daher optimiert QACF im Gegensatz zu QSCF nicht vorwiegend in späteren Zeitpunkten, in denen der erwartete Fehler auf Grund der höheren Varianz größer ist. Speziell wenn QTV sich in out-of-sample Tests als wenig robust erweist, ist QACF damit eine attraktive Alternative.

3. Erlaubt man zeitlich dynamisches Handeln des Numéraires zur Replikation der Liability Cash-Flows, entspricht QACF dem ursprünglichen QTV-Problem. Sämtliche Matching Fehler werden durch Rollieren auf den letzten Zeitpunkt verschoben. Diese Erkenntnis spricht für die Anwendung des QTV-Problems, da hier Matching Fehler in verschiedenen Zeitpunkten über das Rollieren ausgeglichen werden können. Damit erzeugt QTV kleinere Zielfunktionswerte.

Die Vor- und Nachteile jedes Replikationsproblems wurden dadurch transparenter.

Jedoch können in der Praxis weder das Replikationsportfolio, noch die Zielfunktionswerte der Replikationsprobleme, noch das mittels des Replikationsportfolios geschätzte Risikokapital analytisch bestimmt werden. Sie müssen über Monte-Carlo Simulationen geschätzt werden. Für eine vollständige mathematische Begründung der Replikation fehlte also eine Konvergenzanalyse des geschätzten Risikokapitals gegen das echte Risikokapital aus einer Monte-Carlo Simulation.

In Kapitel 8 leitete ich für alle drei Replikationsformen eine fast-sichere Geschwindigkeit her, mit der das geschätzte Risikokapital gegen das echte Risikokapital konvergiert. Damit wurde zum Abschluss der Dissertation das replizierende Portfolio mathematisch vollständig begründet.

Mit dieser Arbeit ist die Theorie der replizierenden Portfolios natürlich noch nicht abgedeckt. Etliche Fragen bleiben noch offen.

- Ist Kalibrierung des replizierenden Portfolios mit instantanen Schockszenarien an Stelle von einjährigen Szenarien theoretisch fundiert? Die Vernachlässigung der zeitlichen Veränderung der Risikofaktoren scheint dadurch gerechtfertigt, dass sie relativ zum angewandten Schock klein ausfällt. Nichtsdestotrotz bleibt die theoretische Begründung eine offene Frage.

- Können mit Replikationsportfolios die Sensitivitäten der BOF bezüglich instantander Shocks getroffen werden bzw. stimmt der faire Wert der BOF mit dem des Replikationsportfolios nach Anwendung der Schocks überein?

- In dieser Arbeit werden keine numerischen Beispiele präsentiert. Um die theoretischen Resultate zu testen, ist eine numerische Studie angebracht, die einen Vergleich der Replikationsportfolios anhand einer Kalibrierung mit echten Daten durchführt. In dem Zusammenhang könnten die replizierenden Portfolios aus dieser Arbeit auf Robustheit, Out-of-Sample Performance und weitere Kriterien empirisch getestet werden.

- Die Frage wie sich Replikationsprobleme numerisch am effizientesten lösen lassen wurde in Abschnnitt 5.4 angerissen. Eine gründliche Analyse verschiedener Lösungsverfahren auf Effizienz und Robustheit ist allerdings noch nicht vorhanden.

- Weiter ist noch nicht geklärt welcher der Lösungsansätze, replizierende Portfolios, das Least Square Monte-Carlo Verfahren oder gar das Nested Monte-Carlo Verfahren, in der Praxis besser geeignet ist.

Die Arbeit von Bauer u. a. (2010) deutet klar auf die Ineffizienz des Nested Monte-Carlo Verfahren hin. Es fehlt jedoch ein rigoroser Beweis, dass es tatsächlich asymptotisch weniger effizient als die anderen beiden Verfahren ist. In der Diskussion zwischen replizierenden Portfolios und dem Least Square Monte-Carlo Verfahren, liefern Glasserman u. Yu (2004) und Pelsser u. Schweizer (2016) erste Hinweise darauf, dass replizierende Portfolios bessere Eigenschaften besitzen. Insbesondere Pelsser u. Schweizer (2016) zeigen, dass für replizierende Portfolios neben anderen Vorteilen, bessere Konvergenzraten der Schätzer mit wachsender Anzahl an simulierten Szenarien zu erzielen sind. Die Konvergenzart ist fast-sicher in beschränkter Wahrscheinlichkeit. Daher können ihre Konvergenzaussagen mit jenen aus dieser Dissertation nicht verglichen werden. Es fehlt ein Vergleich der Konvergenzraten der beiden Verfahren in der gleichen Konvergenzart. Als Argument gegen replizierende Portfolios weisen sie darauf hin, dass Replikation im Vergleich zum Least Square Monte-Carlo Verfahren bei pfadabhängigen Auszahlungsprofilen schlechter wird, da

Pfadabhängigkeit nur mit einer größeren Anzahl an Replikationsinstrumenten nachgebildet werden kann. Es bleibt also zu klären, ob in der Praxis auf Basis einer begrenzten Anzahl an bewertbaren Instrumenten ein Portfolio gefunden werden kann, das die absicherbaren Risiken zufriedenstellend nachbildet oder ob die Pfadabhängigkeit der üblichen Auszahlungsprofile einer Lebensversicherung eine größere Freiheit bei der Wahl der Basisfunktionen in der Regression erfordert.

Literaturverzeichnis

[Adelmann u. a. 2016] ADELMANN, M. ; ARJONA, L.F. ; MAYER, J. ; SCHMED-
DERS, K.: A Large-Scale Optimization Model for Replicating Portfolios in the
Life Insurance Industry. (2016). – Verfügbar aus SSRN 2727281

[Alizadeh u. Goldfarb 2003] ALIZADEH, F. ; GOLDFARB, D.: Second-Order Cone
Programming. In: *Mathematical Programming* Vol. 95, No. 1 (2003), S. 3–51

[Andreatta u. Corradin 2003] ANDREATTA, G. ; CORRADIN, S.: *Fair Value of
Life Liabilities with Embedded Options: an Application to a Portfolio of Italian
Insurance Policies*. 2003. – working paper

[Bacinello 2001] BACINELLO, A.R.: Fair Pricing of Life Insurance Participation
Policies with a Minimum Interest Rate Guaranteed. In: *Astin Bulletin* Vol. 31,
No. 2 (2001), S. 275–297

[Baione u. a. 2006] BAIONE, F. ; DE ANGELIS, P. ; FORTUNATI, A.: On a Fair Value Model for Participating Life Insurance Policies. In: *Investment Management
and Financial Innovations* Vol. 3, No. 2 (2006), S. 408–421

[Bauer u. a. 2010] BAUER, D. ; BERGMANN, D. ; KIESEL, R.: On the Risk-Neutral
Valuation of Life Insurance Contracts with Numerical Methods in View. In:
Astin Bulletin Vol. 40, No. 1 (2010), S. 65–95

[Bauer u. a. 2012] BAUER, D. ; BERGMANN, D. ; REUSS, A.: On the Calculation
of the Solvency Capital requirement based on Nested Simulations. In: *Astin
Bulletin* Vol. 42, No. 2 (2012), S. 453–499

[Bauer 1995] BAUER, H.: *Probability Theory*. De Gruyter, 1995

[Becker u. a. 2014] BECKER, T. ; COTTIN, C. ; FAHRENWALDT, M. ; HAMM, A.
; NÖRTEMANN, S. ; WEBER, S.: Market Consistent Embedded Value - Eine
praxisorientierte Einführung. In: *Der Aktuar* No. 1 (2014), S. 4–8

[Bergmann 2011] BERGMANN, D.: Nested Simulations in Life Insurance. In: *ifa
Ulm* (2011)

[Bernard u. Lemieux 2008] BERNARD, C. ; LEMIEUX, C.: Fast Simulation of Equity-Linked Life Insurance Contracts with a Surrender Option. In: *Proceedings of the 2008 Winter Simulation Conference* (2008), S. 444–452

[Bernardo u. Ledoit 2000] BERNARDO, A.E. ; LEDOIT, O.: Gain, Loss and Asset Pricing. In: *Journal of Political Economy* Vol. 108, No. 1 (2000), S. 144–172

[Beutner u. a. 2013] BEUTNER, E. ; PELSSER, A. ; SCHWEIZER, J.: Fast Convergence of Regress-later Estimates in Least Squares Monte Carlo. In: *Verfügbar auf 1309.5274, arXiv.org* (2013)

[Beutner u. a. 2015] BEUTNER, E. ; PELSSER, A. ; SCHWEIZER, J.: Theory and Validation of Replicating Portfolios in Insurance Risk Management. (2015). – Verfügbar auf SSRN 2557368

[Biagini u. Pinar 2013] BIAGINI, S. ; PINAR, M.: The Best Gain-Loss Ratio is a Poor Performance Measure. In: *SIAM Journal on Financial Mathematics* Vol. 4, No. 1 (2013), S. 228–242

[Black u. Karasinski 1991] BLACK, F. ; KARASINSKI, P.: Bond and Option Pricing when Short Rates are Lognormal. In: *Financial Analysis Journal* Vol. 47, No. 4 (1991), S. 52–59

[Black u. Scholes 1973] BLACK, F. ; SCHOLES, M.: The Pricing of Options and Corporate Liabilities. In: *Journal of Political Economy* Vol. 81, No. 3 (1973), S. 637–654

[Brigo u. Mercurio 2006] BRIGO, D. ; MERCURIO, F.: *Interest Rate Models - Theory and Practice.* Springer, 2006

[Broadie u. Glasserman 2004] BROADIE, M. ; GLASSERMAN, P.: A Stochastic Mesh Method for Pricing high-dimensional American Options. In: *Journal of Computational Finance* Vol. 7, No. 4 (2004), S. 35–72

[Cambou u. Filipovic 2016] CAMBOU, M. ; FILIPOVIC, D.: *Replicating Portfolio Approach to Capital Calculation.* 2016. – Verfügbar auf SSRN 2763733

[CEIOPS 2009] CEIOPS: CEIOPS' Advice for Level 2 Impllementiing Measures on Solvency II: Technical provisions - Elements of actuarial and statistical methodologies for the calculation of the best estimate. (2009). – Verfügbar auf https://eiopa.europa.eu/CEIOPS-Archive/Documents/Advices/CEIOPS-L2-Final-Advice-on-TP-Best-Estimate.pdf

[Chen u. Skoglund 2012] CHEN, W. ; SKOGLUND, J.: Cash Flow Replication with Mismatch Constraints. In: *The Journal of Risk* Vol. 14, No. 4 (2012), S. 115–128

[Cox u. Ross 1976] COX, J. ; ROSS, S.: The Valuation of Options for Alternative Stochastic Processes. In: *Journal of Financial Economics* Vol. 3, No. 1–2 (1976), S. 145–166

[Dalang u. a. 1990] DALANG, R. ; MORTON, A. ; WILLINGER, W.: Equivalent Martingale Measures and No-Arbitrage in Stochastic Securities Market Models. In: *Stochastics and Stochastic Reports* Vol. 29, No. 2 (1990), S. 185–201

[Daul u. Vidal 2009] DAUL, S. ; VIDAL, E.G.: Replication of Insurance Liabilities. In: *RiskMetrics* Vol. 9, No. 1 (2009), S. 79–96

[Delbaen u. Schachermayer 2006] DELBAEN, F. ; SCHACHERMAYER, W.: *The Mathematics of Arbitrage*. Springer, 2006

[Dubrana 2011] DUBRANA, L.: *A formalized Hybrid Portfolio Replication Technique applied to Participating Life Insurance Portfolios*. 2011. – Verfügbar auf http://ssrn.com/abstract=1964464

[Dvoretzky u. a. 1956] DVORETZKY, A. ; KIEFER, J. ; WOLFOWITZ, J.: Asymptotic Minimax Character of the Sample Distribution Function and of the Classical Multinomial Estimator. In: *The Annals of Mathematical Statistics* Vol. 27, No. 3 (1956), S. 642–669

[Egloff u. a. 2007] EGLOFF, D. ; KOHLER, M. ; TODOROVIC, N.: A Dynamic look-ahead Monte Carlo Algorithm for Pricing Bermudan Options. In: *The Annals of Applied Probability* Vol. 17, No. 4 (2007), S. 1138–1171

[EIOPA 2009] EIOPA: Richtlinie 2009/138/EG des Europäischen Parlaments und des Rates vom 25. November 2009 betreffend die Aufnahme und Ausübung der Versicherungs- und der Rückversicherungstätigkeit (Solvabilität II). (2009)

[EIOPA 2014] EIOPA: The Underlying Assumptions in the Standard Formula for the Solvency Capital Requirement Calculation. (2014b)

[Föllmer u. Schied 2011] FÖLLMER, H. ; SCHIED, A.: *Stochastic Finance.* De Gruyter, 2011

[Gallier 2011] GALLIER, J.: *Geometric Methods and Applications.* Springer, 2011

[GDV 2007] GDV: Kernpositionen zu Eigenmitteln unter Solvency II. (2007)

[Gibbs u. Su 2002] GIBBS, A. ; SU, F.: On Choosing and Bounding Probability Metrics. In: *International and Statistical Review* Vol. 70, No. 3 (2002), S. 419–435

[Glasserman u. Yu 2004] GLASSERMAN, P. ; YU, B.: Simulation for American Options: regression now or Regression later. In: *Monte Carlo and Quasi-Monte Carlo Methods 2002* (2004), S. 213–226

[Grosen u. Jørgensen 2000] GROSEN, A. ; JØRGENSEN, P.L.: Fair Valuation of Life Insurance Liabilities: The Impact of Interest Rate Guarantees, Surrender Options, and Bonus Policies. In: *Insurance: Mathematics and Economics* Vol. 26, No. 1 (2000), S. 37–57

[Ha 2016] HA, H.: Essays on Computational Problems in Insurance. (2016). – Verfügbar auf http://scholarworks.gsu.edu/rmi_diss/40/

[Hamilton 1982] HAMILTON, R.S.: The Inverse Function Theorem of Nash and Moser. Vol. 7, No. 1 (1982)

[Hansen u. Miltersen 2002] HANSEN, M. ; MILTERSEN, K.R.: Minimum Rate of Return Guarantees: The Danish Case. In: *Scandinavian Actuarial Journal* Vol. 2002, No. 4 (2002), S. 280–318

[Henrion 2006] HENRION, R.: Some Remarks on Value-at-Risk Optimization. In: *International Journal of Management Science and Engineering Management* Vol. 1, No. 2 (2006), S. 111–118

[Henrion u. Outrata 2005] HENRION, R. ; OUTRATA, J.: Calmness of Constraint Systems with Applications. In: *Mathematical Programming* Vol. 104, No. 2 (2005), S. 437–464

[Horn u. Johnson 1985] HORN, R. ; JOHNSON, C.: *Matrix Analysis*. Cambridge University Press, 1985

[Huber 2004] HUBER, P.: *Robust Statistics*. Wiley, 2004

[Hunter u. Nachtergaele 2000] HUNTER, J. ; NACHTERGAELE, B.: *Applied Analysis*. World Scientific, 2000

[Kaina u. Rüschendorf 2009] KAINA, M. ; RÜSCHENDORF, L.: On Convex Risk Measures on $\mathscr{L}^p$ Spaces. In: *Mathematical Methods of Operations Research* Vol. 69, No. 3 (2009), S. 475–495

[Korn u. Schäl 1999] KORN, R. ; SCHÄL, M.: On Value Preserving and Growth Optimal Portfolios. In: *Mathematical Methods of Operations Research* Vol. 50, No. 2 (1999), S. 189–218

[Leland 2001] LELAND, H.: Option Pricing and Replication with Transactions Costs. In: *The Journal of Finance* Vol. 40, No. 5 (2001), S. 1283–1301

[Longstaff u. Schwartz 2001] LONGSTAFF, F. ; SCHWARTZ, E.: Valuing American Options By Simulation: A Simple Least-Squares Approach. In: *The Review of Financial Studies* Vol. 14, No. 1 (2001), S. 113–147

[Musiela u. Rutkowski 2005] MUSIELA, M. ; RUTKOWSKI, M.: *Martingale Methods in Financial Modelling*. Springer, 2005

[Nam 2013] NAM, M.: The Fermat-Torricelli Problem in the Light of Convex Analysis. In: *Arxiv 1302.5244* (2013)

[Natolski u. Werner 2014] NATOLSKI, J. ; WERNER, R.: Mathematical Analysis of different Approaches for Replicating Portfolios. In: *European Actuarial Journal* Vol. 4, No. 2 (2014), S. 411–435

[Natolski u. Werner 2016] NATOLSKI, J. ; WERNER, R.: Replicating Portfolios: $\mathscr{L}^1$ versus $\mathscr{L}^2$ Optimization. In: DOERNER, K. (Hrsg.) ; LJUBIC, I. (Hrsg.) ; PFLUG, G. (Hrsg.) ; TRAGLER, G. (Hrsg.): *Operations Research Proceedings*, Springer, 2016

[Natolski u. Werner 2017a] NATOLSKI, J. ; WERNER, R.: Convergence Analysis of Monte Carlo Estimators for Replicating Portfolios. (2017). – Working Paper

[Natolski u. Werner 2017b] NATOLSKI, J. ; WERNER, R.: Mathematical Analysis of Replication by Cash Flow Matching. In: *Risks* Vol. 5, No. 1 (2017)

[Natolski u. Werner 2017c] NATOLSKI, J. ; WERNER, R.: Mathematical Foundation of the Replicating Portfolio Approach. In: *Scandinavian Actuarial Journal* (2017)

[Nesterov u. Todd 1998] NESTEROV, Yu.E. ; TODD, M.J.: Primal-Dual Interior-Point Methods for Self-Scaled Cones. In: *SIAM Journal on Optimization* Vol. 8, No. 2 (1998), S. 324–364

[Oechslin u. a. 2007] OECHSLIN, J. ; AUBRY, O. ; AELLIG, M. ; KAPPELI, A. ; BRONNIMANN, D. ; TANDONNET, A. ; VALOIS, G.: Replicating Embedded Options. In: *Life & Pensions Risk* (2007), S. 47–52

[Oehlenberg u. a. 2011] OEHLENBERG, L. ; STAHL, G. ; BENNEMANN, C.: *Von der Standardformel zu Solvency II - ein Überblick über Solvency II.* Schäffer Poeschel, 2011

[Özkan u. a. 2011] ÖZKAN, F. ; SEEMANN, A. ; WENDEL, S.: Replizierende Portfolios in der Lebensversicherung. In: BENNEMANN, C. (Hrsg.) ; OEHLENBERG, L. (Hrsg.) ; G., Stahl (Hrsg.): *Handbuch Solvency II*, Schäffer Poeschel, 2011

[Pelsser 2003] PELSSER, A.: Pricing and Hedging Guaranteed Annuity Options via Static Option Replication. In: *Insurance: Mathematics and Economics* Vol. 33, No. 2 (2003), S. 283–296

[Pelsser u. Schweizer 2016] PELSSER, A. ; SCHWEIZER, J.: The Difference between LSMC and Replicating Portfolio in Insurance Liability Modeling. In: *European Actuarial Journal* Vol. 6, No. 2 (2016), S. 441–494

[Reynolds 2015] REYNOLDS, C.: The Future for Embedded Value after Solvency II. (2015). – Verfügbar auf https://www.actuaries.org.uk/documents/future-embedded-value-after-solvency-ii

[Rockafellar u. Uryasev 2002] ROCKAFELLAR, R.T. ; URYASEV, S.: Conditional Value-at-Risk for General Loss Distributions. In: *Journal of Banking and Finance* Vol. 26, No. 7 (2002), S. 1443–1471

[Rogers 1994] ROGERS, L.C.G.: Equivalent Martingale Measures and No-Arbitrage. In: *Stochastics and Stochastics Reports* Vol. 51 (1994), S. 41–49

[Schmeiser u. Wagner 2013] SCHMEISER, H. ; WAGNER, J.: A Proposal on How the Regulator Should Set Minimum Interest Rate Guarantees in Participating Life Insurance Contracts. In: *The Journal of Risk and Insurance* Vol. 82, No. 3 (2013), S. 659–686

[Seemann 2011] SEEMANN, A.: *Replizierende Portfolios in der deutschen Lebensversicherung.* ifa, 2011

[Stentoft 2004] STENTOFT, L.: Convergence of the Least Squares Monte Carlo Approach to American Option Valuation. In: *Management Science* Vol. 50, No. 9 (2004), S. 1193–1203

[Stoer u. Bulirsch 2002] STOER, J. ; BULIRSCH, R.: *Introduction to Numerical Analysis.* Springer, 2002

[Tsitsiklis u. van Roy 2001] TSITSIKLIS, J. ; ROY, B. van: Regression Methods for Pricing Complex American-style Options. In: *IEEE Transactions on Neural Networks* Vol. 12, No. 4 (2001), S. 694–703

[Williams 1991] WILLIAMS, D.: *Probability with Martingales.* Cambridge University Press, 1991

[Wilson 2015] WILSON, T.C.: *Value and Capital Management: A Handbook for the Finance and Risk Professionals in Financial Institutions*. Wiley, 2015

[Zähle 2011] ZÄHLE, H.: Rates of almost sure convergence of plug-in estimates for distortion risk measures. In: *Metrika* Vol. 74, No. 2 (2011), S. 267–285

[Zanger 2016] ZANGER, D.: Convergence of a Least-Squares Monte Carlo Algorithm for American Option Pricing with Dependent Sample Data. In: *Mathematical Finance* (2016)